像狗一样生活

运用狗狗的智慧改变自己

西萨·米兰其他著作

《狗班长的快乐狗指南》

像狗一样生活

运用狗狗的智慧改变自己

[美] 西萨・米兰　梅利莎・乔・佩提耶　著
张靖之　译

中国画报出版社・北京

图书在版编目（CIP）数据

像狗一样生活：运用狗狗的智慧改变自己 /（美）西萨·米兰，（美）梅丽莎·乔·佩提耶著；张靖之译. -- 北京：中国画报出版社，2020.4

书名原文：Cesar Millan's Lessons From the Pack

ISBN 978-7-5146-1735-1

Ⅰ.①像… Ⅱ.①西… ②梅… ③张… Ⅲ.①犬－驯养 Ⅳ.① S829.2

中国版本图书馆 CIP 数据核字 (2019) 第 262286 号

著作权合同登记号：图字 01-2019-1427

像狗一样生活：运用狗狗的智慧改变自己

[美] 西萨·米兰　梅利莎·乔·佩提耶 著　张靖之 译

出 版 人：于九涛
总 策 划：李永适　张婷婷
责任编辑：袁靖亚　曹　婷
特约编辑：于艳慧　乔　治　才诗雨
责任印制：焦　洋

出版发行：中国画报出版社
地　　址：中国北京市海淀区车公庄西路 33 号　邮编：100048
发 行 部：010-68469781　010-68414683（传真）
总编室兼传真：010-88417359　版权部：010-88417359

开　　本：32 开（889mm × 1194mm）
印　　张：7.75
字　　数：151 千字
版　　次：2020 年 4 月第 1 版　2020 年 4 月第 1 次印刷
印　　刷：北京汇瑞嘉合文化发展有限公司
书　　号：ISBN 978-7-5146-1735-1
定　　价：58.00 元

我要把这本书献给我的犬类导师——

情深意重的老爹（Daddy），

并以此向狗狗的精神致敬，

感谢狗狗为我和我的家人所做的一切。

老爹相信它自己，也相信我，

是它让我学会了怎样帮助别人。

老爹，请你继续指引我，

让我和你一样善良而有智慧，

能够与你同行是我莫大的荣幸。

大家都想念你，

尤其是我。

上帝赋予了动物

一种人类难以企及的智慧：

它们生来就懂得如何生活，

而我们却要费尽心思才学得会。

——玛格丽特·阿特伍德（Margaret Atwood），

《上帝赋予了动物》（God Gave Unto the Animals）

目　录

动物来到我们的生命里，总能教会我们一些什么，

尽管它们不能言语，但这丝毫不是障碍，

它们自有不同的沟通方式。

关键在于，

我们有没有“倾听”，而不只是“听见”；

我们有没有“感受”，而不只是“看见”。

——尼克·特劳特（Nick Trout），

《爱是最好的良药》（*Love Is the Best Medicine*）

前言

认识你的新老师

跟我一起闭上眼睛。一下子就好，闭着眼睛，想象这样的一天：

清晨，早起的鸟儿在窗外叽叽喳喳地叫个不停，你自然地醒来，不需要闹钟告诉你应该几点起床。当阳光照进你的眼帘，那一瞬间你的心中充满了兴奋、喜悦与期待。你做起瑜伽早课，要在外出晨练之前伸展伸展，把肌肉放松。

你在住处附近散步，沉浸在身心畅快的状态里，抓紧每一个大口呼吸新鲜空气、呼吸周围花草树木香气的瞬间。虽然每天都这样散步，但你仍像头一次那样，欣赏、体会着这一切。你见到认识的朋友和邻居，停下脚步热情地向他们表示问候，他们也向你问好，而且和你一样，他们也都满怀兴奋地期待这新的一天。

你回到家准备吃早餐，家人已经在等你了，你报以更多的爱和喜悦问候家人，和他们拥抱、亲吻，告诉他们你有多爱他们、多感谢他们，然后你们一起跑到院子里嬉闹，庆祝这一天大家又可以相聚在一起。

以上就是你每天早上的日常——生命所为何来？不就是要把这种充满新奇、满怀感恩的感觉，和你最爱的人分享吗？

该出门上班了，你怀着期待的心情来到上班的地方，因为你超喜欢自己的工作！这份工作让你感到自豪，带给你自信。你亲切地和每一位同事打招呼，尽管他们的外表和你很不一样——不同的身高、体重、肤色、种族、宗教——但你们全都认同大家是同一个物种，大家都有共同的目标。全公司上下，从最基层的同事到最高层的总裁，你都一样尊敬，就连总裁也报以这样开放的态度。这家公司的理念就是，每个人都在自己的工作岗位上扮演着重要的角色，公司的收益也应当公平地分享给每个人。

偶尔，你也会和同事意见不合，也许他们手中有你想要的东西，也许他们做的事你无法认同；但无论如何，都不会有人在“背后捅你一刀”——这里没有“暗箭伤人”这种事，也没有人会在茶水间“咬耳朵”。同事之间如果有不同看法，会直接说出来，就算双方因此吵起来也没有关系，吵一吵很快就会结束。大家吵出一个结论，再回去继续做自己的事，彼此心中没有怨恨，也不留芥蒂。

这景象简直太完美了，不是吗？但也太遥不可及、太难以实现了，有点儿像都市里的童话故事。

其实未必，如果人类能够用狗狗的态度去面对生活，我刚刚描绘的景象就会是真实世界的写照。

过去10年来，我写了6本关于狗狗行为的书，几乎每本都登上了《纽约时报》畅销书榜。其中每一本都收录了这些年来我矫正过的狗狗的故事，并介绍了我在它们身上运用的技巧。在那6本书中，我的身份是老师，但这本会很不一样。在这本书里，狗狗不再是学生，而是老师——我们的老师。在接下来的内容中，我将首度公开来到我生命中的狗狗教会我的一些最重要的事情。

我们的狗狗每天就在我们的眼前，一举一动都在向我们展示一种更好的活法，但大多数时候我们丝毫察觉不到，理所当然地认为我们比它们知道的东西要多得多，所以当然是我们来教它们应该怎样做，它们怎么可能教我们呢？

事实上，我们总是费尽心机想要把狗狗训练得像人一样。我们训练它们听懂人类的语言，却很少有人肯花心思去理解它们的语言。我们教狗狗学会听懂sit（坐下）、stay（原地待着）、come（过来）、heel（跟上）等口令，只是为了我们自己的方便，完全不是为了狗狗。我们把它们当小孩一样溺爱，其实它们根本不在乎你有没有买最漂亮的玩具给它们；我们喜欢帮它们穿衣打扮，但它们其实才不管什么时尚不时尚。

这样做是没有什么道理的，我们连和自己的同类和平共处都有困难，却还要狗狗听我们的话。狗狗生来就重视荣耀、尊重、规矩、诚实、信任、忠义和同情心等，它们直觉地知道狗群中的等级制度和彼此互惠的重要性。这样看来，与自以为是地要狗狗向我们学习相比，或许我们更应该找机会向狗狗们学习，看看结果会如何。

我之所以写这本书，是因为我觉得是时候让狗狗当我们的老师了。狗狗们具备了所有我们想要拥有却又无法获得的品质，它们生活的每一天，都在实践人类只能心向往之的美好道德准则。而且我认为，狗狗们常常比我们自己还要了解我们。

苏格拉底说："认识你自己。"针对这句格言，我也有一句自己的版本：认识你自己就从认识你的狗狗开始！毕竟，在某种意义上，你的狗狗比你生命中的大多数人都要了解你——真正的你。你的狗狗清楚你每天的行程，懂得你的肢体语言，了解你的情绪——也许比你自己懂的还要多。狗狗能知晓你隐藏在内心深处的潜意识，是你灵魂深处的一面镜子。

没有任何哲学家能像狗和马那样透彻地理解我们。

——赫尔曼·梅尔维尔（Herman Melville），
《白鲸》作者

从野兽到人类导师

狗狗之所以能成为人类的最佳导师，是因为它们为了生存所需，观察人类行为已不知多久了；而狗狗又是勤奋的学生，经过上万年的演化，它们早已熟知如何观察人类，以便融入人类的生活，与人类合作。

想想看：狗狗跟着人类跋涉千里，从一块大陆迁徙到另一块大陆；它们陪我们打猎，帮我们赶牲口，保卫我们的领土。在人类一路走来的各个阶段，狗狗一直在我们身边，和我们一起适应环境，陪伴着我们从狩猎社会、农业社会一路走入工业化的城市生活。

经过了这么多年，狗狗对人类习性的了解已不亚于它们对自己的了解，它们能看懂我们的姿势，能听懂我们音调里的细微差别。为了生存，狗狗已经演化成为解读人类各种行为最厉害的专家，假设它们能说人话，我相信它们一定是最好的心理学家，同时也是人类最好的朋友和老师。

全世界有超过四亿只狗，在美国，大约每四个家庭就有一个家庭养狗。不论你是有钱人还是穷人，有虔诚的信仰还是信奉无神论，住在大城市还是乡下，狗都能和你配合无间，它们能在任何地方、和任何人共同生活。

因为具备了这种超强的适应力，狗狗早在几万年前就成为和人类一起生活的动物之一。在令人大开眼界的《狗的天赋》（*The Genius of Dogs*）一书中，作者布赖恩·黑尔和瓦妮莎·伍兹推断，在史前时代的狼开始演化成今天我们所知道的狗的过程中，不仅仅是我们驯化了狗，狗也“驯化”了我们。这些原始的狗很快就学到，只要它们帮人类打猎、放羊、保卫家园，它们就会获得回报——食物和栖身之所，这种互惠关系最终发展出人与狗之间的特殊情谊。

不论是在家里还是在狗狗心理中心，我身边美丽的狗狗都愈来愈多，狗群愈来愈壮大

你能想象34000多年前的那一刻吗？当第一只聪明的狼或原始犬发现，它只要帮这些直立的怪物做狼原本每天都在做的事：打猎、搜索、追踪、保护家人，它这辈子就可以不愁温饱。从那一刻起，不害怕或敌视人类的狼突然间比它们那些更“野”的同类多了一些优势，这怎么看都是双赢，而这种双赢的局面一直延续到了今天。

为了融入我们的世界，狗狗非常努力地学着了解我们，然而我们却很少报以同样的尊重。大多数主人来找我时，都会以为狗狗的问题和他们完全没有关系，其实几乎在每个案例中，狗狗的问题都源于主人。不管什么职业、什么文化背景，这些主人都会这么请求：“西萨，求求你，求求你帮帮我的狗！”我必须让他们理解的是，在我有办法帮他们的狗之前，他们得先学会帮自己。

从野兽到人类的好朋友

在人类演化的每一个阶段，狗一直陪伴在我们身边，观察我们的行为，解读我们的能量。当我们需要保护的时候，狗找出和我们沟通的方法，警告我们即将到来的危险；当我们需要交通工具的时候，狗当仁不让地帮我们拉雪橇、拖狗车；当我们需要陪伴的时候，狗挺身而出，学会如何做我们最好的朋友。

随着人类文明的进步，过去由狗代劳的大部分粗活儿，都渐渐地不需要狗来做了，但即使到了今天，狗仍然在不断地调整自己，和人类一起应对新的困境：狗帮助我们侦测疾病，在搜救行动中提供支持，在医院里安慰病人，在家里陪伴家人，给我们带来欢乐。

与其他宠物相比，如金鱼、白鼬、家禽、家畜，甚至是猫，我们和狗之间一直有一种更深的联结，这或许是因为人和狗都是社会动物，都能理解和体会需要与被需要、彼此依赖与彼此照顾的意义。

随着时间的推移，狗从我们的帮手晋升为我们的伙伴，再进一步晋升为不折不扣的家人。它们对待生活的态度看似简单，却向我们示范了人与人之间应该如何互相信赖、尊重、奉献及忠诚的理想状态。以此看来，狗要扮演的下一个角色，应当就是：人类最好的导师。

我觉得狗是最神奇的动物，它们总是无条件地爱你。在我看来，它们是活着的最佳典范。

——吉尔达·拉德纳（Gilda Radner），美国知名喜剧演员

生命中最重要的功课

小时候，我家的农场附近经常有狗群游荡，看着这些狗以非对抗的方式化解冲突，群体中每个成员在相处中都很自制，我学到了什么是尊重；我观察狗群内部如何互相合作、和平共处，学到了平静从容；我体会狗群中简单直接的沟通方式，学到了诚实与正直。从小，狗就是我的楷模，是它们造就了今天的我，并持续让我想要变得更好——成为更好的伴侣、更好的朋友、更好的父亲，以及更好的老师。

要向狗学习，我们首先必须和狗建立联系，并且绝不能以高高在上的姿态，而是要心怀谦卑，以开放的心态接纳一种全然不同的沟通方式。事实上，向任何动物学习都是一样的，我们必须先理解它们的世界，而唯一的方法就是透过它们的眼睛看待一切。

当今，我们的生活变得非常复杂，科技给人类社会带来前所未有的可能性，在我们感到万分自豪的同时，却忘了这种生活也会使人离天性越来越远。工作压力大、通勤时间长、每天弓着背坐在电脑前，已经成了我们生活的日常。我们的

孩子花大把时间做功课而没有时间玩耍；休息放松时也不再爬树，而是把自己关在室内，眼睛紧盯着闪烁的荧光屏。而我们有房间要打扫，有贷款要付，有帐单要缴……许多杂事要处理。如果任由自己陷入这些琐事中，我们就不可能好好看看这个世界，感受其中每一个珍贵的当下，而这正是狗狗自然而然就在做的事。

在这种种纷扰之下，我相信要获得内心的平静与幸福，秘诀就在于顺性而为，而狗狗每天就活在这种状态之中。当生活中有什么地方不对劲时，我们会有所知觉，于是我们找心灵书籍来看，从食物、酒精、购物，甚至赌博、毒品中寻求慰藉——所有这些做法，都是想迫切地摆脱生活中的纷纷扰扰，找到内心的平静。其实，我们的最佳学习对象就在身边，和我们生活在同一个屋檐下。

狗可以教我们许多关于生命的功课，比如，关于信赖、忠诚、平静，以及无条件的爱，我会在接下来的内容中加以详述。但我最想要和大家分享的，是我生命中非常特别的几只狗所教给我的八种功课：尊重、自由、自信、真诚、宽恕、智慧、复原力和接纳。教我这八种功课的狗，包括了我心爱的比特犬老爹和阿弟，骄傲又可敬的农场狗帕洛玛，两只又高又壮的罗威纳犬凯恩和赛可，甚至还包括一只小法国斗牛犬西蒙。许许多多的狗曾经出现在我的生命中，并且每一只都留下了不可磨灭的印记。接下来你会看到，那些狗狗教给我们的功课，将带我们踏上自我发现的旅程，而每一课都代表了这趟旅程中往前迈出的踏实而又充满启发性的一步。

多年来，我常和大家提到领袖和追随者的概念，而现在，是时候换我们来“追随”狗，学习它们的世界观、价值观和生活方式了。狗倾尽一生无私奉献，永远把群体的福祉放在个体的利益之上。并且狗是活在当下的动物，一定会尽情体会整个森林的美好，而不会困于树木之间迷失方向。

人类历史发展到当前阶段，急需采纳狗的这种群体导向的世界观，我们必须回归常识、回归单纯，感激我们所拥有的一切。我们会将生命中最重要的事情——家庭、健康、快乐、身心平衡不断推后。而狗绝对不会，若是感觉到哪里失衡了，不管是环境、形势还是人，它们都不会去想怎么做才能解决问题，而会直接反应，就像我们的手碰到火会马上缩回一样。尤其对于感应人类反复无常的情绪，狗更是个中高手。

只要能够多用心观察、倾听，狗其实就可以成为我们个人成长和自我认识的关键。狗的智慧是治愈灵魂的良药，只可惜在人类以自我为中心的世界里，我们常常忘记要用心观察。

那么，现在就请你和我一起踏上这次旅程，看看我们可以从狗狗身上学到哪些独特而又深刻的道理，进而发现一套全新的人生哲学吧！

第一课

尊重

> 亲爱的朋友，你和我就像太阳和月亮，大海和陆地。我们的目的不是成为彼此，而是认识彼此，学会理解彼此，尊重彼此原本的样子：彼此既是对方的对立面，也是对方的补充。
>
> ——赫尔曼·黑塞（Hermann Hesse），《纳尔齐斯与歌尔德蒙》（*Narcissus and Goldmund*）

它长得和农场上其他的狗没什么两样——狼一样的头形、微卷的尾巴、长长的腿，还有像生活在丛林里的郊狼一样瘦削的身材，但你总是能一眼就认出它是帕洛玛，因为它那一身乳白色的纯净皮毛与狗群里其他狗的棕灰色皮毛截然不同。不过当它结束在野外炎热而又漫长的一天，赶着牲畜回农场时，即使落日映照下的身躯只剩剪影，皮毛的颜色也已分辨不清，它也还是显得那么与众不同：山坡上小跑的身影，在脚下扬起的滚滚尘土中，依旧显得贵气十足。

帕洛玛经常紧跟在我爷爷的身旁或身后，它的位置永远在其他人和狗的前面，那雄赳赳、气昂昂的姿态，就像锡那罗亚州的山丘上到处可见的红龙果树一样——锡那罗亚州是我的老家库利亚坎市所在的州，位于墨西哥西北部，西临加利福尼亚湾和太平洋。帕洛玛的两只耳朵总是高高竖起，警觉地左右转动，就像卫星天线在搜寻信号一样；它总是昂首挺立，但即便身姿如雕像般一动不动，它的眼睛还是会骨碌碌地不停转动，对周遭的一切随时保持警觉。

毫无疑问，帕洛玛是我们养的那七八只农场狗里面的老大，就像爷爷毫无疑问是我们这个群体（包括我们全家、我们养的狗，以及临时工）中的老大一样。不过除此之外，帕洛玛还是爷爷的副手，尽管它不是人，但它身为第二把手的地位毋庸置疑，农场上的狗和工人都感觉得到。

作为爷爷的得力助手，帕洛玛的角色不容忽视，它也赢得了大家的尊敬。它和爷爷一样，冷静、低调，但绝对能当家作主，是天生的领导者。为了生活，它每天从早忙到晚，并一肩挑起保护、照顾它所带领的伙伴们的责任，这些也都酷似爷爷。

我那时候年纪还很小，跟爷爷、奶奶、爸爸、妈妈，还有妹妹诺拉生活在农场上，帕洛玛深深吸引了年幼的我。我在一旁观察它和其他狗儿、人的互动：它如何纠正小狗的行为；狗狗们起争执时它如何维持秩序；特别是对于爷爷的需求，它总能在爷爷还没来得及示意前就本能地做出反应。记得我曾经深深地注视着帕洛玛浅棕色的眼睛，它也饶有深意地回望着我，当时我心头一震——那不是一只动物，而是一个深邃、通透的灵魂，它的眼睛里有一种理解和一种永恒的智慧。

我记得有那么一瞬间，帕洛玛用它的眼睛对我说："有一天，你也会带领属于你的狗群，当狗群的老大。"

回到 40 多年后的今天，帕洛玛和它那群狗狗早已不在人世——身为人类所受的诅咒就是：我们遇到过、钟爱过的狗狗几乎都会比我们先走。然而，此刻我坐在这里，在美国加州的圣克拉里塔，放眼眺望狗狗心理中心周围绵延起伏的山岭和谷地，我依然能够想象那群狗就在我的身旁——不是它们的鬼魂，而是活着、会呼吸的生命，它们的能量就在这些山岭之间回荡。

回想过去，我发现自己平生第一次领悟到什么是领导力，就是在观察爷爷怎么管理农场的时候。爷爷从来不需要盛气凌人地指使别人做事，当农作物因为缺水而枯萎的时候，他也从没生过气，也不曾表现出恐惧。他坚定、沉着的管理风格，使农场上的每一个人、每一只动物都心甘情愿听他的话。

帕洛玛是爷爷的翻版，它在动物界赢得了同样的尊敬。它从来不需要靠吠叫或嗥叫来使狗狗们追随它，当狗群因为天气炎热或肚子饥饿而备感难受时，它也从未显露出焦虑或害怕。

如今我才明白，爷爷和帕洛玛有一个共同的特质，而这种特质正是我长大后非常努力想要达到的目标，那就是：一种令人不由自主产生信赖和敬意的能力。如果你无法与别人建立互信并赢得对方的尊敬，你就不可能成为真正的领导者。互信不但是人际关系的基础，也是狗与狗之间关系的基石。无法做到这一点的领导者往往希望别人畏惧他，借此树立自己的权威，但这种领导风格在动物界和在人和狗的关系中，都是行不通的。

在我所在的行业里，存在着一个由来已久的误解，即有人认为我用的驯狗方法是“支配式”的。我们用“支配地位”来形容狗群中的最高领导者，这个说法却不断被误解为一种霸道式的支配，甚至是恐吓式的领导。这可不是我从爷爷和帕洛玛身上学到的领导风格，更不是我所倡导的感化式领导方式。领导狗群的基础在于尊重和信任，而不是恐吓和霸道。

农场人生

爷爷的农场位于墨西哥的库利亚坎，我在那里出生、长大，度过了塑造自己人格最关键的童年时期。我们过的是很传统的乡村生活，为了维持农场的运转，大家每天都要工作，爷爷、奶奶、爸爸、妈妈，甚至我们这些小孩子（一开始只

在墨西哥西岸的库利亚坎，我们一家生活在爷爷的农场里，一起分摊农场的工作

有我和妹妹诺拉，后来小妹莫妮卡和弟弟埃里克也陆续出生了），都有各自负责的工作和任务。

爷爷是佃农，也就是说爷爷耕种的土地是从地主那里租来的，但他可以在上面经营农场、靠土地维生。他每天起床后就忙着干活：挤牛奶、喂猪、捡鸡蛋、收割蔬菜，有时候还兼职当矿工。他毕生就靠出卖劳动力来换取土地的使用权和养家活口的基本所需。最后他在农场上过世，享年 105 岁。

这种生活方式听起来就像封存在时间胶囊里的遥远过去，从某个角度来说，也确实是这样没错。然而在发展中国家，日子就是这么过的，时至今日，我在墨西哥的亲戚仍然过着几乎一模一样的生活。

大约在我6岁那年，我和家人搬到了距离爷爷的农场200公里以外的马萨特兰市，但是每逢暑假，我还是会回到农场，一直到我快20岁时为止。回顾过去，我知道自己把那段日子理想化了，但即使到了今天，我仍然认为早年在农场上简单的生活，让我体会到了真正的平衡和幸福是什么感觉。

不过在现实中，农场的生活并不总是那么快乐无忧，我们全家人每天从早忙到晚，农场上容不下任何不尽力把自己的工作做好的人或动物。我们尤其依赖狗的劳力——狗狗帮我们放牧牛羊，看守庄稼不让老鼠、兔子和鸟类偷吃，还帮忙看家，并在有捕食者或陌生人靠近时向我们发出警告。

假如没有帕洛玛和它的狗群帮忙，爷爷大概没有办法既满足地主的要求，又喂饱一家老小。

帕洛玛的到来

在墨西哥的农场，牛、马、猪这些家畜都是通过买卖或交换而来，只有狗就好像一直在那里。不过，帕洛玛来到我们家的故事还是有点儿特别。

当我还是个蹒跚学步的娃娃时，有一年夏天，爷爷到邻居的农场串门，得知他们家的母狗刚生了一窝小狗，出于好奇，爷爷要求看看小狗。在一窝灰褐色的狗崽之中，有一只小白狗显得特别突出，看得出来它就是当狗老大的料：精力旺盛、骄傲自信，不断地用嘴把赖在狗妈妈身上吸奶的兄弟姐妹赶走。爷爷完全能够感应每一只动物的能量状态，他知道这只小白狗是天生的领袖，它的能力给爷爷留下了很深的印象。于是，爷爷问邻居能不能等小白狗断奶之后，让他牵一头猪来交换，邻居欣然答应了。

我不知道爷爷为什么会给他的新小狗取名“帕洛玛”，这在西班牙语中是“鸽子”的意思，或许帕洛玛让爷爷想到了和平的白鸽。

众生皆平等

爷爷、爸爸和农场工人每天和农场上的动物通力合作，动物也是我们的一分子，大家一起完成共同的目标。那些狗并不和我们一起住在屋子里，我们也不喂它们专门的狗粮，或帮它们洗泡泡浴，但它们仍是我们的家人。你可以这样想象：有一群亲戚就住在你家隔壁，他们与你的家人以及你们的生活步调完全合拍，但他们仍有自己的规矩、习惯和文化。我们和农场上的狗狗的关系，基本如此。

那些狗甚至通晓我们的语言，我不是指西班牙语，我说的是能量的语言，它们完全知道我们在想什么。在农场上没有歧视，也没有等级或尊卑之分，所有的人和动物都彼此尊重，互相信赖。我们都有一种共识，大家是为了共同的目标聚在一起，没有人会觉得猫比鸡更有价值，或是狗比猫更有价值，又或者马比狗的价值更高。因为每一个个体的存在，都是为了一个更远更大的目标。

与我来到美国后辅导的狗主人很不同，我们不会对那些

狗科学档案

在狗的世界里，尊重即公平竞争

经过多年对狗、狼以及郊狼的研究，动物行为学家马克·贝科夫最终相信，“公平竞争”以及明确地表明意图，是犬类社会得以顺畅运作的关键——公平竞争和明确坦诚的沟通，都是互相尊重的标志。[1]

举例来说，狗之间或狼之间在玩耍的时候，都会本能地维持竞赛场上势力的对等：体型大的狼不会用尽全力咬瘦弱的狼，地位高的狗会对地位低的狗翻身露出肚皮，这两种举动都是在表示：“只是闹着玩的，不必当真。”此外，如果有一只狗玩得太过火，不小心伤到同伴的话，那只狗一定会“鞠躬道歉”，它会压低上身、高高翘起屁股，另一只狗会把这个动作解读为：“哎哟！对不起！我们继续玩吧。”

这种玩耍时表现出的互相尊重，使狼和狗有办法维持群体内的稳定，并把冲突的可能性降到最低。基于此，贝科夫认为狼群和狗群中这种互相尊重的社会行为，有助于我们理解人类为何会发展出道德伦理观——因为我们也有很强的互助合作能力。

动物说“我爱你”。虽然帕洛玛随时随地都跟在爷爷身旁，爷爷却从来不曾让帕洛玛爬上他的床，也不会给它零食或玩具，但爷爷给予帕洛玛充分的尊重——他从不吝于表现对帕洛玛的感激之情，他保证帕洛玛和它的狗群永远有食物吃，有水喝，有住的地方，永远没有后顾之忧。反过来，帕洛玛以它的忠实、可靠，以及在爷爷的人类家庭有需求时敏捷而及时地作出反应，赢得了爷爷的尊重。在我的心目中，尊重本身就是一种强大的爱。

爷爷教导我要永远相信动物、尊重动物，你越需要动物帮你，就应该给予动物越多的尊重。想想看，假如你要把走失的驴子带回来，手边又没有绳子，此时唯一能说服驴子跟你走的，就是信任和尊重。当你赢得动物的信任，那信任就成了一条绳子，不过这条绳子并不是武力的绳子，而是互助合作的绳子。

> 狗是最忠诚的动物，要不是它们太过常见，肯定会大受尊崇。上帝把最大的礼物变成了人间最平常的存在。
>
> ——马丁·路德（Martin Luther）

从错误中学习

生活在像爷爷经营的农场那样一个需要合作的地方，犯错可不是一件小事，有可能导致严重的后果。当然，我那时还只是个小男孩，精力充沛，好奇心强，又爱调皮捣蛋，妈妈都快被我逼疯了，因为我什么都要刨根问底，什么都要问“为什么”。就是这样，小孩子总会不停地犯错，不停地测试自己的界限在哪里——我完完全全就是那样的小孩。

记得大约6岁那年，有一天我和妹妹吵架，妈妈竟然护着妹妹，我气疯了，盛怒之下跑了出去，打算去田野上找正在干活的爸爸和爷爷。

我气呼呼地冲出家门，经过拴在门外的马身边，我离那匹马只有半米远，它马上感受到我的怒气，开始又踩又踢。我跑过养鸡的院子，那些母鸡原本都在安静地啄食，我一靠近，它们也感染了我的情绪，慌张地四散逃开，公鸡则咯咯咯地大叫，拍着翅膀向我追来。最后，我来到驴子旁边，那头驴子正从饮水槽里喝水，再过去就是通往田地的小径了。驴子是大人唯一允许我骑的动物，于是我骑了上去，还踢了它一脚。这只驴子原本是最温和、最内敛的动物，这次却突然跃起，差点没把我摔下来，然后它就站在原地，一步也不肯走了。

结果，我那天没有如愿到田野里去，只能心情郁闷、满腹委屈地在家里等着，直到看见帕洛玛跟着爸爸和爷爷从山坡上走下来，准备回家吃晚饭。我奔向爷爷，告诉他我觉得自己受到了多么不公平的对待，就连动物们也百般阻挠我出走。爷爷听了轻轻笑了一下。

“妹妹是不是对不起你并不重要，”他说，“重要的是你的反应很不对。你的愤怒影响了整座农场，那些动物是想要纠正你，但是你并没有在听。它们想让你知道自己的行为不对，可是你不尊重它们告诉你的信息。”

爷爷让我领悟到，我的愤怒和出走就像把一颗石头丢进水池里一样，在农场的能量池中生成了负面的涟漪。这种破坏性的能量摧毁了由信任和尊重建立起来的联系，而这种联系却是互相依存的体系中最重要的基础。你如果失去动物的信任，它们就会想要纠正你（有时会用上暴力）、逃离你，或者使你远离它们。

“永远不要责怪动物，”爷爷一次又一次地告诫我，“如果动物表现得不正常，肯定是因为你做了什么不该做的事。一定要尊重动物，因为你对它们负有责任。”

渐渐地，我明白自己做错了什么：我没有尊重维持农场安稳运转的平衡和相互依赖的关系，在这个共生共荣的小天地里，任何一个小错误都足以威胁到其中每一个个体的安全。当然，我那时还很小，还很不懂事，但多亏爷爷和农场上的动物，我很快就学会如何控制自己的行为和脾气了。

乐于为了填饱肚子而工作

在我的书和电视节目里，我一再强调狗狗天生需要为了得到食物和水而工作——事实上，所有动物都是如此，包括人类也是。我前面说过，在爷爷的农场里，从马到狗到人，全都需要工作。

但是农场里不时地会出现食物短缺的情况，这时候妈妈只能用豆子煮汤，还要稀释到够六个人喝的程度。收成不好的时候，我一整天只能吃一块玉米烙饼、喝一碗汤，我很少谈及其实自己小的时候几乎随时都处于饥饿状态，那种肚子饿得如刀割一般的感觉会让我生气，变得很暴躁，有时候我会把自己的愤怒发泄出来。即使成年以后，饥饿的感觉仍会让我想起那股怒气，我必须抑制自己的情绪，提醒自己回到当下，不要被过去那种匮乏的感觉吞没。

在农场上，如果人都吃不饱，狗自然也得挨饿。鸡有虫子和谷粒吃就够了，马、骡子和牛可以吃草，但狗平常都吃我们吃剩的肉、豆子和玉米烙饼。

当我们的碗橱里空荡荡的时候，帕洛玛就会带着其他的狗到野外寻找任何可以吃的东西，它们的收获通常不多，如果能捉到一只兔子、一条鱼、一只鸟或一只乌龟，就算是幸运的了。然而，那些狗不像我，它们从来不会因为肚子饿就变得暴躁，它们不曾呻吟，没有哀鸣，也不会把怒气发泄到我们身上。它们还是一样每天工作，一样照顾好自己的狗宝宝们。它们其实完全自由，可以想走就走，但它们还是宁愿帮我们干活。那些狗狗不像人类，它们不会上班迟到、做事偷懒、没事请假，它们明白自己是农场上有价值的一分子，而这一点就足以让它们乐于工作。

它们的耐心、坚忍和奉献精神令我敬佩万分，这样的敬业精神，你怎能不佩服？

狗狗如何表现尊重？

- 认为保持个体的距离是必要的，尊重对方的私人空间，也就是“领域”。

- 互相接近时，有一套井然有序又有规矩的做法。

- 尊重狗群里每一只狗的位置和能力，从队伍后面能量较低的狗，到中间的乐天派狗，再到前面居领导地位的高能量狗，狗群中每一位成员都明白每一个位置都很重要。

- 对于谁是追随者、谁是领导者，彼此会达成共识。

三种位阶，一种尊重

狗群中有三种位置——前面、中间和后面——每一种位置都对狗群的生存至关重要。位置在前面的是领袖，就像帕洛玛，拥有好奇、冷静、坚定、自信的特质，它除了领导狗群的日常作息，也带领大家去尝试新奇有趣的冒险。位置在中间的是随和、乐天派的狗狗，它们负责保证狗群以一定的速度前进。位置在后面的狗通常生性敏感、观察力敏锐，对环境中的风吹草动随时保持警觉，能够发现潜在的危险。

由于狗的寿命比人短，加上我不断地有机会认识和辅导新的狗，近年来我的狗群经常在变动中。在家里，我喜欢把狗群维持在小的规模，这样比较好带，目前总共有 6 只，大部分是小型犬。其中的老前辈是 14 岁的可可，它是一只茶杯吉娃娃，从小和我的小儿子卡尔文一块长大，个性也像他一

我和家里狗群的部分成员：阿弟（左），阿尔菲（上），本森（中）和塔科（右）

样，沉着、坚定。尽管老了，但好胜的可可依然当家做主。它跟着我一起经历了人生的许多变动，我们之间的感情不同一般——不过它最爱的人永远是卡尔文。可可和卡尔文之间的联系非常紧密，就像两个心灵契合的知己一样：如果卡尔文是狗，他就会是可可；如果可可是人，它就会是卡尔文。

同样排在狗群前面的还有本森，一只讨人喜欢、像一团银灰色毛球的博美犬。别看本森只有四斤重，它可是一位大气的、天生的领导者。它坚定果决、充满自信而又精力旺盛，随时都想到户外探险，尤其喜欢玩水！有时候看着它在我们家后院的游泳池里又是跳水又是潜水，我总觉得它应该生作一只海豚而不是狗。

接下来是阿弟，我那只结实健壮的灰色蓝比特犬。阿弟是不折不扣属于中间位置的狗：天生的乐天派，无忧无虑而又充满活力。它对当领袖一点儿兴趣也没有，只要可以一直玩，它心甘情愿当个追随者。玩、玩、玩——在阿弟眼中，世界就是个奇妙的大游戏场，里面的每样东西都是玩具，谁是游戏的赢家它无所谓，只要能让它加入一起玩耍就行了。不过，每当我需要阿弟安静下来进入顺从状态的时候，它都会乖乖听话，因为它知道接下来一定还有机会再玩一回“你丢我捡”的游戏。

由于性情十分稳定，阿弟成了我的得力助手，协助我辅导能量不平衡的狗狗们，不管在电视节目里或电视节目外都是这样。它真的很稳重、很温柔，不管去哪里我都会带着它。事实上，它的个性就是每个小男孩和小女孩心目中梦寐以求的宠物狗狗的样子：爱玩、听话、喜欢亲近人。

阿尔菲是狗群中另一只处于中间位置的小家伙，它是一只金黄色的混种约克夏㹴犬，和阿弟一样，它生性随和、稳定，总能处变不惊。阿尔菲这辈子最大的使命，就是陪着我或我的未婚妻贾希拉，我们去哪里它就跟着去哪里——这对任何爱狗的人来说，无疑都是全世界最美妙的事。阿尔菲也和阿弟一样，是最好的左右手，它对周围每个人、每只狗的需求都很敏感。有人说狗是长着尾巴和四条腿的天使，阿尔菲就是这个说法的最佳见证。每当我和它四目相对，我感觉到它从内心深处用爱和我交流的时候，它的眼神都会让我想起我妈妈看着她的孩子的样子，那是一种简单、纯粹并且无条件的爱。

狗群中殿后的是一只全黑的哈巴狗，我们叫它吉奥（Gio），取名自 National Geographic（国家地理）的“Geo”，但为了好玩，我们用了不一样的拼法。吉奥是我们家的搞笑大王，它那些或有意或无意的滑稽动作，常常把我们逗得哈哈大笑。有时候它会显得有点儿冷淡，尤其当你想和它在沙发上依偎，或者碰到陌生人的时候，它的反应完全就和猫一样。吉奥并不是胆小，而是特别谨慎，你如果想要它尊重你、愿意亲近你，首先得赢得它的尊重。

最后是身材娇小、眼睛圆滚滚的混种吉娃娃塔科，它是我们在墨西哥街头捡回来的流浪犬，今年才 4 岁，但它的智慧远远超过了它的年龄。有时候，狗群中位置靠后的狗狗会有这种特质，尽管它们生性害羞，遇到不熟悉的人或情况时甚至会有一点儿害怕，但是它们对周遭的一切永远保持着敏锐的觉察力，善于观察其他狗和人，这令它们能够做出聪明的判断，塔科就是这样的狗。

我每天看着这支狗狗杂牌军在我家后院或狗狗心理中心一起玩耍，它们的每一次互动，都让我看到尊重对它们而言是多么的重要。领头的狗尊重中间的狗，中间的狗尊重后面的狗，后面的狗尊重最前面的狗——因为每一个位置都有贡献，都一样不可或缺。这种相互尊重使得狗群中即使发生冲突，也能很快找到化解之道。狗群的互动生动地证明了在动物的世界里，无处不在的尊重是一件再自然不过的事情——或许只有 21 世纪的人类是例外。

让人类世界多一点儿尊重

要如何才能让人与人之间更多一点儿尊重呢？答案就在于建立更多一点儿的互信。近年来，人类在这方面的表现差强人意，而我们的狗狗却是个中高手。

我很担心在现代社会，以往的尊重已被崇拜财富、崇拜浮夸的行为所取代，又或者已等同于我们在社交媒体上收集到的点赞数和粉丝数，等等，如果是这样的话可真是悲哀。

在动物的世界里，狗狗们用肢体语言来表达尊重，不敬的行为可能引起打斗，或者遭到狗群的唾弃。但在人类的世界，不敬的行为已被无比宽容地对待，很多时候甚至不必承担任何后果。时下有的孩子个性叛逆而又反复无常，也就不足为奇了。

以我从小受到的教育，对领袖或长辈不敬是听都没听过的事情。即使我现在已经 46 岁了，遇到比我年长的人，我还是习惯尊称对方“sir”（先生、阁下、长官）或“madam”（女士、夫人）。然而，从我的两个儿子——21 岁的安德烈和 18 岁的卡尔文身上，我感受不到这种尊敬，至少不是我爸爸妈妈和爷爷奶奶当年所受到的那种尊敬。即使到了今天，我和爸爸说话时还是会用比较尊敬的语气。由于他在我生命中扮演的角色，有些话我绝对不会对他说出口，有些事

名人与狗

亿万富翁的烦恼

我们人类尊敬的对象往往是有钱有势的人，也不管这些人在日常生活中是不是性情极不稳定。狗就不一样，它们从来都不在乎你的头衔是什么，你赚多少钱，或者你有没有豪华游艇。

就以我的客户，一位有名的亿万富翁“B先生”为例。B先生想要养狗来保护自己的人身安全，同时也兼作伴，于是他从德国顶级的育犬师兼训犬师那里买了两只德国牧羊犬。

B先生把我找过去，是因为他的一只狗最近好像在疏远他，让他觉得非常苦恼。这只狗名叫马克斯，多年来B先生和它关系非常亲密，人和狗之间有很深的感情。然而突然有一天，马克斯变得冷漠、疏离、不愿意在B先生面前流露情感了。

我得知原先和马克斯一起工作的狗伙伴罗尔夫最近刚去世了，因此B先生新养了一只叫布鲁诺的狗来代替它，而布鲁诺随即占据了与B先生最亲密的位置。

我立刻看到了问题的症结，这完全与尊敬有关：布鲁诺是一只支配欲很强的狗，它接管了狗群领导者的位置，而现在它的位置甚至比B先生自己还要高！马克斯只不过做了所有狗狗都会做的事：为了向新的狗老大表现出应有的尊重，只好跟布鲁诺的“财产”——B先生——保持距离！

尽管在商场上备受尊敬，B先生却不了解在狗的世界里，尊重是多么的重要。我向B先生示范如何通过能量和肢体语言重新获得狗群领袖的角色。而B先生这样做之后，马克斯就不再把布鲁诺视为老大了，两只狗都尊B先生为领袖，马克斯也重拾以往与主人的亲密时光。

所以，要想狗尊敬你，你得自己先赢得它的尊敬才行。而在狗的世界里，尊敬是影响行为的关键。

我也绝不会在他面前做出来，我从小受到的教育使我自然而然就这样做。

我这辈子养过很多完美的狗，但我仍然不知道要如何才能养育出完美的孩子。回想起来，我有时候会觉得我和前妻应该给我们两个儿子多设一些规则和限制才对。当然了，他们的成长环境和我小时候的环境有着天壤之别；还有，不用说他们也曾经测试过自己的界限在哪里，就像我当年在爷爷的农场里那样。

我和前妻总是尽可能想要当全天下最好的父母，可是对于如何教育孩子，我们常常意见相左。我从小在严父的管教下长大——墨西哥家庭大多如此，我的前妻则成长于洛杉矶，更习惯美国的育儿方式，认为太强调纪律会限制孩子的情感发展。而我们周围环境的文化，崇尚的也是宽松的教育方式，这使事情变得更加复杂。从小到大安德烈和卡尔文就只经历过这种氛围，从来不知道还有其他的教育方式。

我和前妻在文化和教育方式上的差异，经常造成家里的冲突。我敢说很多家庭一定也是如此，毕竟孩子来到世上不会附带使用说明书，而且小孩肯定比狗难带得多！我的两个儿子知道有些事我不会允许他们做，但在妈妈面前他们就肆无忌惮。例如我认为他们应该分担一些家务，周末和假日的时间应该好好安排；当他们到了一定年龄，我希望他们去打工赚钱，培养敬业精神。而我的前妻则认为，在孩子离家上大学之前，应该让他们好好度过自由自在的童年、少年时光；在她看来，上大学是绝对必要的。

这又是我们之间的另一个矛盾：我不认为孩子非上大学不可。我的两个儿子现阶段都不打算读大学，要是有一天他们决定走上那条路，我当然会很开心、很骄傲。从小到大，我一直都鼓励他们要保有好奇心，永远不要停止学习，只要有机会就尽量多看书。

然而，或许由于我个人经历的缘故，我不认为读大学本身是成功的必要条件。我相信只要跟着你的热情和直觉走，再加上努力，你一定会成功，假如读大学刚好符合你的追求，那很好，但最重要的是：我一直希望由儿子自己来决定要不要接受高等教育。

随着安德烈和卡尔文逐渐长大，我觉得应该更明确地设下更多的家规，而且不遵守时就应该真正承担后果。可是我前妻不同意处罚孩子，她比较喜欢通过谈心和开家庭会议的方式来处理孩子的问题。我想我们的儿子被这两种不同的教育方式弄得很迷惑，有时候甚至会利用父母之间的矛盾来为所欲为。

聪明的狗很少会去讨好得不到它们尊敬的人。

——威廉·R. 克勒（William R. Koehler），
训犬师

尊重别人，别人才会尊重你

我认为在任何群体内部，都必须有某种程度的尊重以及对彼此角色和职务的认同，才有可能维持秩序，在这一点上狗狗的群体也是一样的。从小不尊重父母的人，长大后又怎么可能尊重师长、上司、朋友和配偶呢？学会尊重对小孩子来说是至关重要的，因为尊重是双向的，就这一点来说人类社会和动物世界并无二致。小狗在仅仅两周大的时候，就会从狗妈妈那里学到尊重，当小狗做出狗妈妈不赞成的行为时，狗妈妈会咬住小狗颈背上的皮把它叼起来，或者用鼻子轻推小狗发出警告。

看着我的两个儿子从小男孩成长为独特而出众的年轻人，我感到十分自豪。因为思想成熟了，他们对于我曾经教给他们的许许多多关于尊重的道理，有了更多的理解并认真地放在心上，这真的让我很开心。当安德烈和卡尔文还处在青春期，更在意如何让小伙伴们刮目相看，而不是听父母话的时候，他们以为我的工作既简单又无聊。“我爸在电视上做的那些事情好蠢！”他们会这样告诉朋友，但我知道他们并不是真的这么认为。现在，他们从内心深处尊敬我通过电视节目所达到的成就：教育民众、改变观念、启迪心灵。也只有在内心升起这份尊敬以后，他们才开始对如何通过电视这个媒介来表达自己产生兴趣。

这项兴趣也给他们带来好的结果，卡尔文现在是曾获艾美奖提名的儿童节目《欢乐狗学校》(*Mutt and Stuff*)的主持人，安德烈也即将推出他的新电视节目，他们年轻的肩膀上结结实实地承载了许多大人的责任，却能泰然自若地面对。我从来没想过我的儿子们会这么直接地追随我的脚步，而能够参与这一切，我感到既兴奋又荣幸。

尊重与关联性

帕洛玛让我体会到，懂得尊重，对人格的养成至关重要。在它的世界里，你是什么物种并不重要，它也毫不在乎你的性别、种族或信仰，对狗狗来说，重要的是群体中的每个个体都做好自己的工作，乐于待在自己所在的位置。

这些年来，我的领悟是：当我懂得尊重来到我生命中的人或狗时，我同时也让对方看到了我和他们之间是有关联的。

看着安德烈（右）逐渐成长为聪明又有礼貌的年轻人，我不禁想到自己和爸爸（左）的关系

这种关联性使得我们携手共同建立信任，而信任正是凝聚每一个群体的纽带。

这种关联也使我们能够为群体的利益一起努力，不管是布置家里的圣诞树、分担农场的杂务，还是与来自五湖四海的工作人员合作完成电视节目。只要记得把尊重摆在第一位，我的心头就会感到轻松一些，我努力想要达成的事情也会变得顺畅些，结果也更令人满意。

40 多年前，一只披着醒目的纯白色皮毛、名叫帕洛玛的墨西哥农场狗深深地看了一个好奇的小男孩一眼，就在那个体现了尊重的刹那，一颗种子已经悄然播下，这颗种子成就了日后的我。有时候我不禁会想：如果这世界上能多一些人有机会遇到像帕洛玛这样的老师，我们的地球一定会是个更懂得合作、更和谐的地方。

帕洛玛走在狗群前方那骄傲而坚定的英姿，会永远烙印在我的心中，提醒我尊重以及被尊重所代表的意义。虽然我离完美人格差得还远（我儿子经常提醒我这点），有时候住在所有男人心中那个骄傲而又叛逆的小男孩的习性也会故态复萌，但我总是尽我所能尊重我的狗，我的家人、同事以及粉丝，同时我也期待获得他们同样的尊重。我努力提醒自己，我们就好像在一个“农场”里工作——假如我们能够抱着这种心态过日子，大家齐心协力共同付出，成功的机会一定会大大增加。

狗学堂　第一节

如何练习尊重

- 一定要倾听。倾听可以创造沟通的机会，而且让对方感觉到自己的心声被听见。你可以不同意他的观点，但至少你在聆听，这就是尊重。
- 对于别人的贡献——不论多小——一定要致谢。
- 让对方做他自己，不要评断或试图改变对方。
- 信守承诺。说到一定要做到，诚实让人心生敬意。

第二课

自由

所谓自由，并不仅仅是挣脱身体上的枷锁，
而是以一种尊重和增进别人自由的方式生活。

——纳尔逊·曼德拉（Nelson Mandela）

它看起来就像一捆棕褐色的毛皮，长了吉娃娃一样的尖耳朵和柯基犬一样矮肥短的身体，还有一双温暖迷人的棕色眼睛。它的名字叫雷格利多，我永远也不会忘记它。

雷格利多是我的第一只宠物狗，它让我学到了我这辈子最重要的功课之一：自由有多么重要。通过雷格利多，我领悟到狗必须感受到自由，才可能保有平衡的性情和行为。其实，人类又何尝不是如此呢？

什么是“自由”？不同的人会有不同的答案。在我21岁的时候，自由对我来说就是移居别的国家去追求我的梦想；对另外一个人来说，自由可能是可以毫无顾虑地辞掉令人沮丧的工作，或者可以自己选择要和谁结婚。不管你个人的定义是什么，你都会发现，不珍惜自由，就不可能有圆满的人生。

离开乡下

我说过我最愉快的童年回忆，就是住在库利亚坎爷爷的农场里的那段时光；我很少提到在我大约 6 岁那年，爸爸决定全家搬到马萨特兰市之后那段经历。马萨特兰有 40 多万人口，在我们眼中简直是超级大都会，大到超过我们那时候的想象。爸爸妈妈把我和妹妹诺拉叫到跟前坐下，然后告诉我们，再过不久，这个开阔的空间——无垠的蔚蓝色的天空、起伏的绿色山丘和茂盛的金黄农田——就要换成一套在一座拥挤的两层楼建筑内狭小的两居室公寓。

我伤心极了，就好像一只野生动物突然发现它就要被送到动物园里关起来。更令人难过的是，爸妈决定搬家就是为了我，身为传统墨西哥父权家庭的独子，我被视为最重要的孩子。我爷爷从来没上过学，爸爸也只读到小学三年级，他不希望自己唯一的儿子（我弟弟埃里克要到我 11 岁那年才出生）不识字、无知愚昧，而住在农场里，没有多少可以上学的地方。

看着爸爸把我们的家当搬上爷爷的大卡车，我记得自己当时感觉胸口紧紧地揪着，我用力忍住不让眼泪决堤。传统意义的上学读书真有那么重要吗？我早已生活在地球上最棒的教室里了啊——大自然教会了我丰富的知识，绝对没有任何一所学校比得上！但很显然，我爸妈并不这么认为，爸爸已经在马萨特兰找到一份很不错的工作，在当地一家电视新闻台担任摄影师；房子也都租好了只等着我们入住，我再哭哭啼啼、再抵抗也不会有什么用，我们是注定要搬走的。

离别的那一天，爷爷知道我在生闷气。就在我爬上卡车的当口，他从屋里走出来，怀里抱着一样东西，那就是雷格利多。雷格利多在西班牙语中是“小礼物”的意思，给这只狗取这个名字真是再贴切不过了，因为在墨西哥的传统中，迎来送往都是要送礼的。

雷格利多是爷爷送给我的礼物，它跟着我们一起坐上了卡车，卡车上已经有爸爸的宠物（一对澳洲绿鹦鹉），还有妈妈和妹妹饲养的一笼鸡。或许我们每个人都想以自己的方式把农场带到未来的新生活中，雷格利多就是专属于我的一小块农场生活。

现在回想起来，爷爷会送我一只狗，应该不是因为他觉得我会想念农场的生活，我想他是用这种方式告诉我，他会很想念我。来到美国之前，我从来没有体验过用身体接触来表达爱，在美国，大家见面都要互相亲吻、拥抱，连办公室里也不例外！而在我的家乡，爱是不用说出口的，但你总能感觉出来。爷爷拥抱我的方式，就是在我要离开他家的那一刻，把雷格利多送给我。

犹如度假

刚到城里，我的郁闷心情很快一扫而空，置身在周围让人应接不暇的活动中实在太令人兴奋了！大街上感觉有好几百万辆车，都是我以前没见过的牌子和样式；每个街区都有商店，巷子里挤满了装饰得五颜六色的摊位，出售形形色色的商品。这里甚至还可以看到波光粼粼的蔚蓝大海拍打着金色的沙滩——这是我以前从没见过的景色。在我未经世事的眼里，每样东西都那么新鲜而又神奇，至少有那么一阵子，我们的新生活感觉就像全家人一起出去度假了一样。

爸爸开始了他的新工作，我也上学了。我终于走出了舒适区——在学校里我一点儿也不自在，我讨厌一整天被关在屋子里。妈妈也很辛苦，每天忙着照顾我们这些小孩子和小动物，还要保持公寓的整洁（想想看，她除了日常的家务事之外，还得随时清理鹦鹉、狗狗和那一群鸡的排泄物，以免公寓气味变差）。另外她还要接一些缝纫的工作在家做，家里很需要这笔额外的收入。

马萨特兰市的生活开销很大。在农场时，我们的食物几乎全靠自己栽种或饲养，就算遇到收成不好的时候，妈妈也永远能用手边的东西拼凑出一顿美食。

但住在城市里就没办法这么做了。我们的小公寓只有两个房间：其中一间是开放式的厨房兼客厅，另一间是卧室，所以我们只能在已经够拥挤的走廊上养下蛋的鸡，不可能再种蔬菜和水果，所以我们吃的东西几乎都要上市场去买。诚

我在爷爷的农场里庆祝三岁生日，三年后，我们一家就搬到了马萨特兰

然，超市的货架上食物多到几乎装不下，是个超级梦幻的地方，但如果我们随心所欲购买的话需要非常大的开销。大多数时候，我们吃的是麦片、玉米薄饼和香蕉，买不起肉类，只有在圣诞节的时候才有机会吃到一只鸡或一条猪腿。对当时的我们来说，肉是有钱人吃的东西。在今天，有些人会选择吃素，而在当时我们全家人总是在吃素，不过我们不叫自己“素食主义者”，因为我们吃素纯粹是因为吃不起肉。

然而，困扰我的不是没有肉吃，也不是家里缺钱，而是失去自由，我因此而备感焦虑、受困和压抑。

随着新生活的新鲜感渐渐消退，我开始注意到城市里各种令我痛恨的事物，例如噪声：街上小贩永不停歇的叫卖声、汽车的喇叭声、左邻右舍上演的高分贝戏码，等等。公寓的墙壁薄得像纸一样，而且因为我们没有空调，平常窗户都开着，所以只要有人甩门、把盘子掉到地上、发出欢呼声或怒吼声，我们都能听得一清二楚。我开始怀念农场的黑夜，在那里，你有时候只能听到蟋蟀和青蛙的低鸣。我们这栋公寓里有很多大人每个周末都会出去买醉，回来就大吵大闹、乱发酒疯，我以前从没见过喝醉的人，看到一个成年人东倒西歪又胡言乱语的模样我心里实在很害怕。

但这一切都比不上这件事来得糟糕：我原以为城市会扩展我的世界，没想到我的生活圈反而变得越来越小。这里犯罪猖獗，而且常常就发生在光天化日之下，我们几乎每天都能听到与毒品和绑架有关的传闻，为此妈妈十分担心我们的安全，最后变得保护过度，严格限定我们上学前和放学后哪里可以去、哪里不能去。如果发现我没有遵守，爸爸妈妈就会严厉地处罚我。而我总是不听他们的，我的个性就是无法忍受束缚。

宁为脱缰犬，不为笼中狮。

——阿拉伯谚语

狗笼生涯

连我都觉得受困了，想想对雷格利多这样一只小狗来说，搬到城市里来会是一种什么感觉——在此之前，它一直都是自由自在地在乡下生活，身边永远有让它安心的狗群陪伴。尽管每当我放学回到家和它一起玩，或者妈妈难得喂它一小块鸡肉时，它还是会猛摇尾巴，但它的无聊和沮丧是显而易见的。

不久，雷格利多出现了一些行为，那时候我还不知道那正是不快乐的狗狗的典型特征。它开始啃咬家具，而且一天到晚叫个不停；还会在窗户前面跳，不顾一切地想要看外面，但我们住在二楼，窗外也看不到什么。换句话说，雷格利多住在一个和狗笼没什么两样的地方，而我自己也觉得像住在狗笼里。

我很快认识到，城市对动物来说是一个十分严苛的环境，城市人对狗很不尊重，和爷爷对狗的态度有天壤之别。在农场里，狗和人一起工作，是我们的同伴兼助手；而在城市里，狗成群地在街上游荡，偷窃食物，翻垃圾桶找东西吃，变成讨人嫌的动物，有人甚至还会拿东西打它们。这真是讽刺，在乡下，狗在社会化和驯服方面做得很好，能与人类和平共处；而到了城市里，它们几乎又恢复了野性。

我永远忘不了第一次看到一只狗站在屋顶上的情景——这又是另一种只有城里人才会有的奇怪体验。马萨特兰市的房子屋顶大多是平的，在劳动阶级居住的街区，只要有陌生人在街上走，一定会被站在屋顶上踱步的高高在上的狗狂吠一番。在马萨特兰，狗存在的意义，差不多就只是这样：充当廉价的警报系统。

问题是，这些狗一辈子都待在屋顶上，没有办法自己下来；除非有人可怜它们，不然它们哪里也去不了。这些困在屋顶上的狗郁郁不得志，只能在狭小的地盘上绕圈圈，或是把头探出屋檐往下窥视，看到一丁点儿异状就咆哮或狂吠一番。像我们这样的贫穷家庭会把屋顶当作晒衣场，这些精力无处发泄的狗有时会造成很大的破坏，把衣服从晒衣绳上扯下来咬成碎片。于是就像路上的行人一样，住户渐渐也觉得这些狗很讨厌，开始用嫌恶的态度对待它们。在马萨特兰，狗得不到任何人的尊重。

也因此，在邻居看来，我们把狗养在公寓里是极其荒诞的行为，在屋里养鸡和鹦鹉他们还能理解，但怎么会养狗？虽然爸爸妈妈偶尔会允许我趁周末的时候带雷格利多去海边玩，或者牵它到屋顶上跑一跑，让它有机会玩耍兼运动，但大多数时候它都待在屋里，待在我们拥挤的走廊上。

因为年纪小不懂事，加上我更熟悉的是那些在农场上生来自由自在的狗，当时我连雷格利多需要有人带它出去散步都不懂（而且我在马萨特兰也从没见过有人遛狗）。更何况，我们那里的人行道非常狭窄，路上的车子和房子贴得太近，妈妈因为担心我的安全，不让我一个人在街上乱走。于是随着日子一天天过去，雷格利多也变得越来越焦躁、越来越神经质。

虽然我们一家人搬到城里是为了开始新的生活，但到了城里，我们每个人又都想要重新建立一种更简单、更自然的生活方式，就像在农场里那样。我尽了最大的努力这么做，但徒劳无功；我应该接受我所处的环境，但我却与它对抗。我变得很像雷格利多，拼命狂叫，不断地跳起来想要看窗外，也像屋顶上那些狗，被锁在远离地面的高处，只有晾在屋顶上的衣服可以解闷。

回首过去，我发现我那时的处境和雷格利多，和马萨特兰市屋顶上那些孤单的狗竟然是那么相似。和它们一样，我的身心都受到禁锢，我觉得再也无法做回我自己——那个真真正正的我。看着那些狗用踱步、跳跃或狂吠来宣泄心中的挫败感，我也开始用另外一种方式来宣泄我的压抑。

那些年，爸爸几乎无时无刻不在工作，我们很少有机会见到他。有一天，妈妈为了让我安分点儿，就对我说："你现在是家里的男人了。"她一定很快就后悔对我说了这句话，因为我完全往错误的方向解读，开始变得像个小霸王，什么事都要管，还仗着这句话找我妹妹诺拉的麻烦，欺负她，作弄她，基本上没给她好日子过。这个时候，我爸妈知道得想办法管住我了。

今天，每当有狗主人因为爱犬的问题行为来找我，当我发现这些行为其实是出于无聊或挫败感（换句话说就是没有自由）所做的发泄时，我往往会建议他们把狗的这种无处宣泄的精力疏导到正面、健康的行为上，例如：你可以骑脚踏车或者去玩轮滑，然后让狗跟在旁边奔跑，或者带狗去游泳，或者背上背包带它去山中远足，也可以让它接受诱饵追猎或敏捷方面的训练等——这些方法都能让狗以有系统、有纪律的方式，尝到它们渴望已久的自由滋味。

当我的爸爸妈妈发现我开始以负面的方式宣泄我因城市生活而产生的挫败感时，他们就是用这种方法来矫正我的——他们让我去上人类版本的敏捷训练课，那就是空手道。从 7 岁开始，我利用课余时间学习空手道，我的能量有了具体的出口，同时那种讲求纪律和条理的训练，也使我学会了理出生活中的优先顺序，负起我该负的责任，例如上学、做功课、照顾雷格利多和帮忙做家务。要不是当年我的爸爸妈妈能够理解我的行为和感受，我不知道自己会变成怎样的一个人，大概不会是现在这个讲求纪律、事业有成的我。

至于雷格利多，我多么希望当年的我能有现在的知识，知道如何让养在家里的狗也尝到自由的滋味，就如同当年我爸爸妈妈知道该如何管教那个精力旺盛、静不下来的小男孩一样。

> 我认为我们之所以为狗着迷是因为它们是不受约束的动物。其实，假如我们不那么自大地以为我们比它们懂得更多，那我们也可以是同样不受约束的存在。
>
> ——乔治·伯德·埃文斯（George Bird Evans），作家、育犬者

找到专属于你的自由

“自由”对你来说意味着什么?对我的朋友贾达·萍克特·史密斯(Jada Pinkett Smith)来说,自由可以很简单,只要能有半天时间带着狗狗去山里远足,远离手机、工作和狗仔队,就可以说是自由了。对我的未婚妻贾希拉来说,自由是当我出差在外,知道我一切平安——不需要担心,对她来说就是自由。而对我的大儿子安德烈来说,自由是轻轻松松地躺在沙滩上听音乐。对我的小儿子卡尔文来说,自由是能有自己创作的时间和空间,可以画画、设计漫画书、写故事等。每当我问别人“自由”对他们来说意味着什么的时候,得到的答案总是不一样。

狗不需要通过学习就能知道自由是什么,自由早已深植在狗的DNA里,它们的行为随时随地都表现出对自由的渴求 。身为它们的守护者,我们有责任尽一切可能满足它们的渴望。其实,人的行为也会透露出对自由的需求,只是我们不一定知道自己想要的到底是什么,有时候必须经过一段时间,才能找到自己心中的自由。

在辅导狗狗和它们的主人的过程中我发现,很多人感受到的窒息,其实并不是物质条件的限制、时间的局限或法律的约束造成的,更多的是因为精神或情绪上的障碍阻碍了我们的本能、束缚了我们的心灵。举例来说,很多狗狗的主人会对我说,“我的狗永远不可能和别的狗在一起”,或者说“我的狗完全没有办法训练” 。他们没有意识到自己正武断地把限制和束缚加到另一个生命上，而背后的原因其实是自己内心的恐惧和自我怀疑。这时我的责任就是让他们看到，这些限制其实全都来自他们的内心。当狗狗的主人把这种想象出来的束缚加到狗狗身上的时候，被禁锢的不只是狗狗而已，事实上狗狗的主人自己的自由也被剥夺了。

关于自由，有一件事是大多数人都不知道，而狗却生来就懂得的，那就是——自由来自内心。自由与任何一件事物、任何一个地方都无关；自由是一种状态。

狗如何表现自由？

- 利用感官来探索并尽情享受周围的世界。
- 接受自己在狗群中的位置，明白唯有坚守一贯的规则、界限和限制，才能自由自在地做自己。
- 活在当下，对过去不懊恼，对未来也不忧虑。
- 如实地表现自己，无所羞愧，且毫不在乎自己的长相、声音或气味。
- 发挥各自所属品种的特长，如赶牲畜、追踪、追捕、衔回猎物等。

《犬类百科》

当我 9 岁或是 10 岁的时候，学校的生活对我来说已经变得如坐针毡了。那些受欢迎的同学对我没什么兴趣，就算某

在我努力适应马萨特兰的生活期间，学空手道给了我自信和安全感

一位愿意和我坐在一起吃午餐，只要更有趣的同学一出现，他马上就会起身离开。

但在雷格利多面前，我永远不用担心这些。每当我归心似箭，放学回到家，它都会热情万分地迎接我，好像刚走进屋子里的是全世界最有名的大明星一样。它没有在等更有趣的人出现，它等的就是我，而且它只想跟我在一起。雷格利多想做的事情，就是跟着我做我想做的事情，不管是玩捉迷藏，还是在沙滩上一直跑啊跑；就算我只想静静地一个人坐下来想事情，它也完全配合。我们之间从来没有发生过冲突，也不用讨价还价，我们是真正的好伙伴，彼此步调完全一致，没有人比我更了解雷格利多，也没有人比雷格利多更了解我。

我本来就喜欢动物，不过到了此时，我对狗的兴趣才发展成为全心的热爱。世界上竟然有一种和我完全不同的物种——长着爪子、四条腿和一条尾巴——能让我在心灵上、情感上产生这么深刻的联结，那种联结感比我跟生命中任何一个人的联结还要深刻。狗狗具备了我向往的各种特质：沉着而坚定、适应力强、爱玩、果断、有同理心、充满耐心和智慧。我爱我的家人，也知道他们爱我，但狗狗给我的感觉是不一样的，它们让我感到完整。

我满 10 岁那年，妈妈通过邮件购买了一本《犬类百科》（*The Encyclopedia of Dogs*）送给我，这本书改变了我的一生。我翻开书页，一个奇妙的新世界霎时在我眼前展开。在此之前，我在墨西哥见过的狗的模样都差不多，都是灰褐色、被毛蓬乱、长得有点儿像郊狼的农场狗，但在这本崭新的书里面，我看到了几百种身形、大小和颜色各不相同的狗。在我眼里，它们全都像珍禽异兽一般——书里有爱尔兰猎狼犬，体形大得几乎让我不敢相信那是真的狗；有沙皮犬，皱巴巴的脸看起来很滑稽；还有圣伯纳犬，照片中的狗站在一片积雪的山坡上，这是我从来没见过的景象。

我想知道狗是怎么演化成今天这种奇妙动物的，还有各个品种是在什么时候、什么地方、用什么方法、为了什么目的繁殖出来的，我想要亲眼见见甚至收集书中介绍的所有品种，我希望它们全都成为我的好朋友，就像雷格利多那样。

> 狗是我们和天堂之间的联系。它们从来不知道什么是邪恶、嫉妒或不满。在风和日丽的午后和一只狗一起坐在山坡上，就像回到了伊甸园，在那里，无事可做不意味着无聊，而是内心的平静。
>
> ——米兰·昆德拉（Milan Kundera）

我的第一只纯种狗

有一天我在放学回家的路上，第一次近距离地看到一只纯种狗。那是一只梳理得很漂亮的爱尔兰雪达犬：飘逸的红棕色长毛、扁平下垂的耳朵，以及昂首阔步的完美步态。我之所以知道它是爱尔兰雪达犬，完全是我那本《犬类百科》的功劳，当时那本书是我的圣经。

我打听了一下，知道那只爱尔兰雪达犬的主人是卡洛斯·古兹曼医生，他住在城里的富人区，养了好几只得过奖的纯种爱尔兰雪达犬，经常参加狗展。他每天下午三点会带狗狗出来散步，我在马萨特兰市第一次看到有人遛狗就是他在遛。古兹曼医生是靠非法帮人堕胎致富的，这项服务在当地上流社会有很大的需求，也是基于这个原因，身为虔诚天主教徒的妈妈很不欣赏这位医生。不过我关心的只是他的狗，于是当他出来遛狗时，我就会悄悄地跟在后面，这已成为我放学后的“例行公事”。

有一天，我终于鼓起勇气上前和古兹曼医生说话。平常，他总是差不多在我刚放学的时候出来遛狗，本来我都会在一个街角等他经过，然后远远地跟在他后面。那天下午，我其实是沿着大街一路追他，这一定把他吓坏了！快步冲下一座又陡、风又大的山坡之后，我终于追上了他，还没喘过气来，我就开始一股脑儿地问他所有我能想到的有关他的狗和爱尔兰雪达犬的问题。

古兹曼医生这才平复过来，脸上露出了笑容。他大概觉得我很有趣，或者他看出了我对狗狗的真心热爱，通常一个出身于劳动阶级的墨西哥小男孩是不大可能对狗有什么兴趣的。当我问他如果他的狗狗有机会生小狗，能不能送我一只的时候，他的眼睛亮了起来，然后就答应了（我当然知道他的狗狗迟早会生小狗，因为那时候在墨西哥绝对没有人会给狗结扎。在墨西哥文化里，阉割雄性的“男子气概”是一大禁忌，连狗也不例外。但这也造成了严重的流浪狗问题，我现在很希望能改善这种状况，所以不断倡导人们通过给狗结扎来减少弃犬和流浪狗的数量。仅在美国，估计就有超过600 万只流浪狗）。

古兹曼医生后来送给我的小狗是一只母的爱尔兰雪达犬，我给它取名萨路基。萨路基猎犬其实是古埃及人饲养的一种视觉猎犬，当时我正好读到这种猎犬的资料，刚好这只新来的狗和这种猎犬长得有点儿像；此外，我也觉得以历史上最早被记录的狗品种之一来给狗狗命名很有意义，借此向狗狗的过往致敬，仿佛我和狗狗之间又多了某种联系。

后来，我明白了古兹曼医生应该是把一窝狗崽中“最不起眼”的那只送给了我，他喜欢带狗去参加狗展，因此他把最不可能赢得爱尔兰雪达犬选美比赛的小狗送给了我。萨路基是一只骨架很大的母狗，一点儿也没有比赛级爱尔兰雪达犬那种优雅的雌犬特征。当然，当时的我并不明白这些差异，不过就算知道了，我也不会在乎。能够拥有这只狗，我已经很兴奋也很骄傲了，在我眼中，它就是世界上最完美、最漂亮的小狗。

妈妈看我抱着一只小狗回家吃了一惊，但她一向支持我追求自己的兴趣。爸爸和我一样热爱动物，所以他也完全没有反对。至于雷格利多，它很开心能有一个朝夕相处的同伴，在我上学的时候可以陪它玩耍。

萨路基是我养的第一只纯种狗，饲养它给我带来了很多乐趣，同时也让我更有责任感。我下定决心不再犯我在雷格利多身上犯过的错误，我也开始了解城市里的狗需要什么条件才能活得开心，更重要的是，我渐渐领会到自由的感觉多么重要，不管对狗还是对我来说都是。

萨路基长大之后，我开始带着它和雷格利多一起出去散步。我不喜欢古兹曼医生用牵绳遛狗的做法，在我心目中，这样散步狗狗还是不够自由。当时墨西哥并没有遛狗一定要系牵绳的法规，所以我就让萨路基跟在我旁边走，不用牵绳。由于我满足了它自由和运动这两项最重要的需求（自由和运

我的爸爸妈妈一直是我最忠实的支持者和粉丝，他们认真工作、充满爱心，我从他们身上学到了很多东西

动也是它想到户外去到处嗅闻、到处游走、跟着狗群一起移动的原动力），所以我很容易就教会了它完全听从我，并永远跟在我旁边或后面走。邻居看到了都以为我在变什么魔术——我说过，在墨西哥，狗是不会跟着人走的。

> 对我来说，“狗日子”象征的是顿悟的狂喜、狂乱的自由，还有闭着眼睛狂奔的感觉。
>
> ——弗洛伦斯与机械乐队（Florence and the Machine）主唱弗洛伦斯·韦尔奇（Florence Welch）谈她的畅销曲《狗日子结束了》

海边的房子

爸爸以自由平面与影视摄影师的身份接活，工作时间很长也很辛苦。到我 12 岁那年，他终于存够了钱，在马萨特兰市离海边仅两个街区远的地方买了一座小房子。在这个新家里，我们有前院可以养狗，屋内的空间也更大，可以容纳我们家愈来愈多的人口，此时除了我和妹妹诺拉之外，还有小妹妹莫妮卡和刚出生的弟弟埃里克。

搬到了新家，我觉得困着我的狗笼终于打开了，在新家能够听到不远处传来的海浪声，让人有一种原始而自然的感觉。我爱极了那个声音和气味，闻起来就像自由的味道，也像未来的味道。

当然，我把两只狗都带到了新家。这时，雷格利多已经有点儿上年纪了，不过自从我逐渐懂得如何满足它的需求，并且每天都带着它和萨路基一起散步以后，它已经比早年快乐多了。而从拥挤的公寓二楼搬到靠近海边的房子，我马上能感受出来，两只狗都比以前开心了。

长大一点儿之后，我开始自己在城市里到处探索，走到离我家那个街区越来越远的地方。我经常碰到有人问我关于狗狗的事，因为我不管去哪里，它们都会跟在我身边。没多久，大家都知道我就是那个爱狗成痴的小子，这对我也有好处，因为每当有人家里有多余的小狗，就会跑来问我要不要收养，我从来都不会拒绝。我还仔细研究分类广告上卖狗的信息，爸爸妈妈看我找到了自己的兴趣也很高兴，总是设法满足我想要养狗的请求。

于是我后来又养了凯西（阿拉斯加混种犬）、奥索（萨摩耶犬）和奥兹（哈士奇犬），我越来越经常地一起遛它们——不用牵绳，就像真正的狗群那样。慢慢地，随着它们变得更放松、更合群、更像我所熟悉的农场狗，我也看见每只狗得以发展自己的个性。从很多方面来说，这都是我这辈子的第一堂狗狗行为实习课。我了解到，只要我愿意让狗狗尝到自由的滋味（这是它们与生俱来的权利），即使一点点也好，它们就会以多倍的顺从、忠诚和深情来回报我。对当时的我来说，自由的感觉就是在马萨特兰的大街上昂首阔步或在海边奔跑，后面跟着我那群漂亮又听话的狗狗。

我的家人欣然接纳每一只来到我们家的新成员，妈妈总会这么说："我在豆子里多加一些水就是了。"爸爸只要没有出差，就会在餐厅打烊时分到附近的速食店挨家讨剩菜。

爱与自由

我的小雷格利多活到 12 岁，最后平静而自然地在我们海边的房子里过世——对于一生中大部分时间都困在又热又灰尘弥漫的小公寓里、主要吃剩菜（那个时候狗粮是发达的"第一世界"才有的东西）的狗来说，这算很不错了。

有时候想起雷格利多，我会很难过。很早以前我就发现，狗的行为问题很多都源于一天到晚被关在狭小的空间里，当时我发誓，决不会在我养的任何一只狗身上犯同样的错误。对于雷格利多，我知道我已经尽力，但是如果可以的话，我很想和我这辈子的第一只狗狗说声抱歉。虽然当年的我只是一个什么都不太懂的小男孩，但我还是希望能让时光倒流，可以让雷格利多自由自在地在海边跑上几公里，或者把它送回爷爷的农场，让它能在自然的环境中和爷爷的狗群一起生活。

当然，我现在唯一能补偿雷格利多的方式，就是尽我所能帮助其他的狗狗，让这些狗狗即使必须生活在非自然的人类环境中，也不必再过被禁锢的生活。我要帮助全天下的狗狗体验到它们心目中的“自由”，让它们能够充分展示出自己身为自然界动物的天性。

真正的爱，意味着支持和帮助另一个人或动物，去完成对于他们来说重要的事情，先满足他们的需求，而不是先想到自己。狗无时无刻不展现出对我们的爱，它们对人类的需求极度敏感，总是尽其所能地满足我们对于陪伴、爱和服从的需要，而人类呢？尽管我们经常把“我好爱我的狗狗”挂在嘴边，但是大多数时候，我们对狗狗的态度却仿佛它们完全只是为了我们的愉悦和方便而存在似的，忽略了它们也有本能的需求，那就是运动、纪律和宠爱。来找我辅导的狗狗主人通常只会一味地宠爱、宠爱、宠爱，因为这样比较轻松，也符合狗狗主人当下的需要。我会设法教导他们，要真正做到爱一只狗，必须学会先满足它的需要，而不是先考虑自己的需要。

如果我们把这种在数百位狗主人身上用过并且证实成功的方法，应用到人与人之间的关系上会怎么样呢？如果我们把自私自利的需求放在一边，试着去理解要怎么做才能让别人（伴侣、朋友、孩子、父母、员工、老板）感觉幸福，会怎么样呢？如果我们能够不再试图掌控别人、掌控局面，而是用心观察和倾听别人真正想要告诉我们什么，又会怎样呢？假如我们能够做到这些，不就会帮助我们身边的每一个人在生活中感受到多一点儿的平静和多一点儿的自由吗？

英国歌手斯汀唱过："如果你爱一个人，就让他自由。"每一对父母都会告诉你，这不是一件容易做到的事情。在我目前的生活中，每天面对的最大难题就是放手让安德烈和卡尔文有犯错的自由，不妄加干涉。我告诉自己，我在事业上帮儿子一把、让他们上学、给他们建议，都是在满足他们的需求，但事实上，这些行为主要还是出自我的私心——我需要做这些才能感觉自己是个好父亲。但我的儿子真正想要的又是什么呢？答案或许令我很难接受。然而有的时候，他们就是需要我放手，不管结果是好是坏，他们都宁愿靠自己。

举例来说，我和前妻离婚后，大儿子安德烈跟妈妈住，在那段日子里，我和前妻的关系降到了冰点，安德烈在家里就成了实质上的"男主人"。渐渐地，他认为自己已经足够成熟，可以搬出去自己住——尽管他当时高中都还没毕业。

安德烈以为他可以自己住在外面、完全不需要别人照顾，同时仍能通过学校里所有大大小小的测试和毕业考试。

对于他的这个决定，我强烈反对，但他听不进去，为了维护我们之间已经很脆弱的关系，我只好学会闭嘴。那一年，正如我所预料的，安德烈的期末考试不及格，不能和班上的同学一起毕业。被现实敲醒之后，他才发愤图强，认真读书，最终考取了高中同等学历（GED）文凭。但这毕竟和毕业的感觉差了一大截，他错过了一生中只有一次的戴上四方帽、穿着毕业袍，和班上同学一起列队上台领取毕业证书，然后一起庆祝这个人生重要里程碑的机会。如今，安德烈很后悔，但如果我当初没有放手让他去犯错的话，现在我们父子俩大概早就不说话了。

还有我的小儿子卡尔文，他的个性和我最像：十足好奇、十足捣蛋、十足叛逆，也十足反权威。

卡尔文在他 16 岁那年，获得了在尼克儿童频道主持节目的机会，这个节目叫《欢乐狗学校》，是一部以狗狗（由玩偶扮演）学校为场景的儿童剧，而那时他前前后后只上过三个月的表演课。到了快录制第一集节目的时候，制作单位把剧本交给他，让他在录影前先把台词背熟并演练好。

结果，卡尔文觉得那短短三个月的表演训练意味着自己不需要再下苦功，只要人到了摄影棚，表演才华就会自然展现出来。纵使我多次提议和他对台词，他也总是说一切都在自己的掌握之中，一旦到了摄影棚，所有的事情都会水到渠成。我很想提醒他，这是在拿他自己的节目开玩笑，但我还是拼尽全力把想说的话咽回去，让他自己去犯错。

到了节目开拍那天，不出所料，卡尔文完全没有准备好，一而再再而三地忘词和犯错。这种情况一直延续了好几个星期，导演变得越来越不耐烦，最后终于受不了了，直接告诉制作人应该换掉卡尔文，另外找“专业”的青少年演员来主持。

这正是卡尔文需要的当头棒喝，当他意识到工作有可能不保的时候，终于开始发愤图强，努力背台词，专心做准备功课，力求呈现最棒的表演。结果呢？在开播的第一年，这个节目就获得了两项日间艾美奖提名，其中一项提名还是最佳学龄前节目。虽然我已经警告过卡尔文不预先准备的话会有什么后果，但是每个青少年的DNA里好像都写着“不相信父母的话”的因子，我庆幸自己当初强忍下满怀的怒气和沮丧，让卡尔文自己去摔跤，然后自己爬起来。

至于我，我心目中的“自由”也随着生命的历程逐渐转变，现在的我对自由的看法，就和狗狗的感觉一样。当我的心中充满了敬意，我的信任感就会增加；当我的信任感增加，我的忠诚度也会跟着提高。

狗狗也使我领悟到，想要过平衡的生活，自由的感觉不可或缺。试试看松开你牵狗狗的绳子，让它自由地在草地上奔跑，然后观察它如何展现本性中最真、最善的一面。现在，闭上你的眼睛，想象一下自己身上的束缚也一一松开——从自我设定的限制和自己强加于自身的恐惧中解脱，还给自己一个不受羁绊的人生。

狗学堂　第二节

如何感受自由

- 跟着你的热情和直觉走。热情会赋予你能量，让你完成你想要成就的事业，直觉则是在人生的困境中为你指引方向的罗盘。

- 当你感到悲伤、困惑、沮丧或焦虑时，分析自己的状态，这些情绪会使你自我设限。假如持续感受到这些情绪，或许就应该在生活中做出某些改变了。如果你不加以注意，经常压抑情绪的话，久而久之真的会生病。

- 诚实地接受自己真实的样子，把自我形象建立在幻觉上的人，注定要让自己和别人失望。

- 如果情况已非你所能控制，请接受事实。该屈服的时候就要屈服。

第三课

自信

不管你实际上多么心虚，行为上都要充满自信。

——莉莲·赫尔曼（Lillian Hellman）

黛西是一只全黑的可卡犬，有一双亮晶晶的黑眼睛，这双眼睛在1991年某个深冬的午后狐疑地看着我。那是我们第一次相遇，它身上的毛又长又脏，显得黯淡无光，一撮撮长毛垂在它的眼睛上，我还注意到它的指甲又长又弯，已经嵌进脚掌的肉里。

我抱起黛西的时候，它浑身都在颤抖，我还记得我当时的两位新老板——丘拉维斯塔宠物美容沙龙的负责人南希小姐和玛莎小姐——神情紧张地对望了一眼，显然是在暗暗祈祷黛西不会像上次攻击她们那样攻击我。我只听见她们之间说了些什么，声音听起来十分紧张，但我一个字也听不懂，那时候，我唯一懂得的英语是“您这里招人吗？”

不过没关系，这间屋子里有某个生命是我完全懂得的——甚至比用西班牙语跟我讲话还能让我理解——那就是我怀里的黛西。没有人看得出来，但它已经把我需要知道的关于它的一切都告诉了我。

突然间，周围各种令人分心的事物全都消失退散，只剩下黛西和我。自从几个星期前跨越边境进入美国以来，我从未感觉到这么平静、这么有自信。我看着黛西，顺着它的毛往下摸，它回望着我，然后就不再颤抖了。

我把黛西抱到美容桌上，准备开始工作。

> 狗其实会说话，不过只说给知道如何聆听的人。
>
> ——奥尔汗·帕穆克（Orhan Pamuk），
> 土耳其作家，诺贝尔文学奖得主

渡河之夜

我曾经写过我横渡格兰德河、来到美国开始人生新阶段的过程。我到达格兰德河边的时候，口袋里的钱只够我去到我当时以为的圣迭戈（实际上是丘拉维斯塔，离圣迭戈大约16公里）。这段经历经常被记者和采访我的人写成典型的“一无所有的移民最终功成名就”的故事。然而，这并不是故事的全部。从来没有人写过我在这个过程中感受到的恐惧与不安。

在青少年时期，我对狗狗的兴趣越来越浓，也因此对自己的未来渐渐有了一些想象。当时我经常在电视上看《莱西》（*Lassie*）《任丁丁》（*Rin Tin Tin*）和《一窝小屁蛋》（*The Little Rascals*）这些美国节目，对剧中狗演员的“演技”感到十分惊奇。由于我和狗狗之间的联系特别紧密，我心里很清楚，我向往的事业就是辅导狗狗并教它们在镜头前做各种令人惊叹的事情。当然，这在墨西哥是不可能的事，这里的文化根本不尊重狗。我不知道要怎样才能实现梦想，但我的决心日益清晰。我要去美国，有朝一日要成为好莱坞的训犬师。

那是圣诞节过后约两个星期的某一天，当时我 21 岁，远离了马萨特兰的爸爸妈妈和弟弟妹妹，远离了库利亚坎的爷爷和奶奶，站在美国边境南侧的格兰德河中，冰冷浑浊的河水深及我的胸口，我感到又湿又冷又饿。站在我旁边的是所谓的“郊狼”（墨西哥人给那些帮人非法越境的人起的绰号），我付了钱要他帮我偷渡。我实在太想去到边境的另一边，只有在那里我才能实现我的美国梦，成为全世界最好的训犬师。

午夜过后，四下一片漆黑时，我开始犹豫了。“郊狼”确实很适合用来形容我这位向导，他瘦削、饥渴的样子和这种动物别无二致。我已经把我全部的钱——我爸爸在圣诞节前夕给我的一百美元——都给了他，这时我只觉得他大概打算杀了我。即使如此，我也别无选择，只能按他压低声音的指示去做，最后，他终于说道：“跑！”

他带着我跑进一条又暗又低又窄的隧道，我心想：“他就要在这里把我杀了。”那一刻，我只能相信三样东西：“郊狼”、上帝，还有我自己。我是豁出去了。

显然，“郊狼”并没有杀我；他让我安全地跨过了边境。然而，踏上美国领土之后，我并没有感受到原先所预期的狂喜，心中排山倒海而来的是眼前必须面对的严酷现实：我身上没有钱，语言不通，没有东西吃，也没有地方住。而且我根本不知道从哪里开始。

我在马萨特兰的青少年时期过得非常辛苦，我不是个很有安全感的小孩，但是在这世界上有两件事是我特别有自信的：我的空手道功夫，以及我与狗狗相处的能力。然而，若

狗科学档案

自信的科学

根据《人格与社会心理学期刊》一篇题为《好处多多的朋友：谈饲养宠物的正面影响》的研究文章，养狗可以增强人的自信心，这项研究的带头人艾伦·R.麦康奈尔描述了其长期研究的结果：比起没有宠物的人，养宠物的人更有自信，体能更好，更不孤单，更勤恳、认真、外向，忧心和焦虑也更少。[2] 但只针对养狗的人做的同样的实验结果显示，狗狗主人的幸福感比其他宠物主人要高，狗狗能让主人感到更有归属感、更有自信、生命更有意义。

以我们墨西哥文化的眼光来看，成天和狗混在一起可不是什么“正常”的行为，尤其我班上的同学更是这么觉得。他们嘲笑我，欺负我，叫我“脏兮兮的狗男孩”，不但不让我加入他们的圈子，还在我背后窃窃私语。我之所以有办法忍受同学不断的奚落，完全是因为我心里知道我的狗狗会在家里等我，随时准备给我无条件的爱与陪伴。

人群的底层

抵达加州之后，我就知道要在美国出人头地不容易。不过，想到眼前即将展开的冒险，我还是很兴奋，这里有太多新东西值得我去看、去学习、去发掘。

当务之急是要想办法赚钱养活自己。我在丘拉维斯塔的街上游荡，在各式各样的商店门前停下来问：“您这里招人吗？”很多店主会给我几块钱，让我帮他们打扫储藏室、车库，或门口的人行道，这些零工完全不能给我什么自信心，但劳动过后，我的自我感觉会好一些。

我很快就明白，要在美国找到工作，最好的方法就是做那些美国人不愿意做的事情，也就是洗车、洗窗户、扫地、冲洗停车场和人行道等。刚到美国的三个月，我在高速公路底下的隐蔽处找到一个游民大本营，每天晚上就睡在那里；在 7-11 便利店发现了只要 25 美分的热狗，也让我开心得不得了。

在丘拉维斯塔度过几个星期之后，我从墨西哥一路带到美国的乐观情绪开始消退。尽管我很努力地想要把这种感觉压下去，但我现在不得不承认——我有点儿害怕了。要如何在这个异乡展开真正的人生，我一点儿头绪也没有。我不断地在街头徘徊，希望能想出什么办法。有些人看到我就皱眉，好像我是什么脏东西，根本不属于这里。我从来没有感觉自己像这样处于人群的最底层，我不停地问自己："我到底在干什么？在美国这样的地方，我还能拿出什么本事？"

在墨西哥，我们习惯认为美国人什么都懂、全世界最厉

我在美国的第一份工作是在一家宠物美容院帮忙，不过很快，我就接到了第一项训犬任务

名人与狗

韦恩·布莱迪（Wayne Brady）

集演员、歌手、谐星及电视节目《交易要不要》（*Let's Make a Deal*）主持人等身份于一身的韦恩·布莱迪坦承，他在荧屏上活泼外向的艺人形象，和私底下内敛的他有很大差距。“我绝不是个擅长社交的人。”他说，“我在舞台上以某种方式表现，因为那是我的工作……但我认为大家不应该把某个人的工作和他的真性情混为一谈。”

韦恩说他从小就很内向，对于社交场合和认识新朋友总是感到无所适从：“如果你不擅长社交，就很容易变得被动而孤立。我不想深入探究，但我这种个性确实是小时候被霸凌引起的，后来我学会站出来为自己说话，但那种不想和人打交道的倾向早已经根深蒂固了。因为你只要开口和别人说话，别人回答的时候就有可能说一些让你感觉受伤的话，或者用一种让你不舒服的方式对待你。”

韦恩的罗威纳犬查莉改变了这一切，他说：“我看着我的狗狗查莉，它会走进一个房间，走向那个看起来最不开心、最没有笑容的家伙，然后抬起前脚跟他握手。看着它这么开放地接纳别人的友谊、这么愿意给予别人支持……我领悟到，主动跟人打招呼并介绍自己、主动给别人一个微笑，对我一点儿损失也没有，这是查莉让我学会的道理。而我也尽我所能地多练习，毕竟这不是我天生擅长的事。是查莉鼓舞了我以这种方式打开自己的心扉。”

害的就是美国人，毕竟我们常在电影里看到美国拯救世界。（我不记得看过墨西哥人拯救世界的电影，你有吗？）反过来说，有些美国人从小接受的观念让他们觉得墨西哥移民是二等公民，而在我生命中的那段日子里，我感觉自己连二等公民都谈不上。

诚征助手

当我看到一间白色小店的橱窗里贴着“诚征助手”的告示时，我的这种观念开始有了转变。这家店的招牌上有“美容”字样。（我知道这家店是做什么的，因为门上有狗、毛刷和吹风机的图片。）我在马萨特兰的一家兽医诊所做过两年的宠物美容师，总算有一项真正的技能是在这里能派得上用场的。

问题是我要怎么说服老板雇用我。我没有任何证明文件，没有家庭住址，也没有社会安全号码，而且我连英语都不会说。我走进店里，来到接待区，看到柜台后面有两个上了年纪的女人，大概六十岁上下的样子。她们的样子非常朴实：灰白的头发，脸上没有化妆，衣服宽松而朴素。她们向我自我介绍，一位是玛莎，一位是南希，我后来知道她们经营这家“丘拉维斯塔宠物美容沙龙”已经超过20年，在这一带家喻户晓。

我说出我唯一懂得的那句英文——“您这里招人吗？”——然后尽我所能填写她们递给我的表格。她们看了看我只填了一半的表格，再看了看我，接着竟然不像我之前遇到的那些雇主那样，交给我一把扫帚或一个拖把，南希小姐交给我的是一张照片，让我知道梳理到完美状态的可卡犬应该是什么样子。我仔细看过照片后点了点头，南希小姐看了玛莎小姐一眼，玛莎小姐就领着我走到后面的房间。

这个房间里有宠物美容用具、吹风机、浴缸、金属桌子……还有一只黑色的小可卡犬，它颤抖着缩成一团，发出警告的低沉怒吼声。它就是黛西。

重拾自信

我永远不会知道为什么这两位女士会决定相信一个随便从大街上走进来、瘦巴巴的21岁墨西哥移民，我当时也还不知道她们跟眼前这只狗之间发生过什么事。很久以后我才得知，原来黛西用这种凶巴巴的态度对待美容师和主人已经有好几个月了，他们都认为它无药可救了。

我只知道接下来发生的事情。

我刚把黛西抱起来，它就不颤抖了，一旁的南希小姐和玛莎小姐看得目瞪口呆。虽然她们两位很怕黛西，仿佛它是什么怪兽似的，但我一眼就看出黛西不是天生有攻击性的狗狗，它只是缺乏安全感。

对我来说，能量和肢体语言已经足以清楚传达出狗狗的心里话，其效果完全不亚于人类的语言——我和黛西马上就开始了热切的对话。它直接向我表白，用它的姿势和动作告诉我，它不喜欢陌生人摸它身上哪些部位，而我也很自然地没去碰那些地方（臀部和肚子），而是轻轻地托起它的下巴，同时把它调整成抬头挺胸、威风凛凛的姿势。我的直觉告诉我，我必须首先建立起它的信任感和自信心，它才有可能让我梳理。果然，黛西立刻有了回应，好像在说："谢谢你，终于有人听我说话了！"然后，我就开始帮它剪指甲。

看着黛西的不安全感消散退去，我这几个星期以来的自我怀疑也跟着一起烟消云散。从离开墨西哥到现在，我第一次感觉到自信心又回来了，我真的拿出了某方面的本事，而且从这两位正在考虑是否用我的雇主看我的眼神，我知道我的本事显然是美国人需要的！

梳理好之后，我把黛西还给南希小姐和玛莎小姐，她们一副不可置信的样子，但是很高兴，简直高兴得不得了！她们从收银机里拿出 60 美金递给我，我摇摇头推回去，努力想要表达"太多了"，而她们不断地点头鼓励我收下，并指着墙上的价目表向我示意，黛西的全套美容服务是120美金，我拿到的是一半的钱。在这之前，我在美国打的工都是一次性的零工，但这一次两位老板指了指日历，表示要我明天回来报到。

到了第二个星期，消息已经传开了，丘拉维斯塔宠物美容沙龙的老顾客都知道店里来了一个名叫西萨的男生，不管多难服侍的狗他都有办法搞定。顾客看到狗狗来店里美容过后，都是开开心心而不是充满压力地离开，突然之间，大家不再对我摆臭脸。每当我从后面的房间出来，手里抱着整理得干干净净、显得平静安详的狗狗，它们的主人总会笑容满面地答谢我，这些感激的笑容也让我的自信心大为提升。

在接下来的几个月里，我的两位新老板就用蹩脚的西班牙语，外加许多的比手画脚，以及我刚学会的几个英语单词——“洗”“吹风机”“指甲剪”——和我沟通。她们把店里的钥匙交给我，让我在办公室里睡觉、梳洗。这些福利再加上从宠物美容工作分到的一半收益，让我有办法存钱，并好好地规划该如何迈向专业的训犬师之路。

最后，我决心北上搬到洛杉矶，因为那里是所有的好莱坞训犬师工作和生活的地方。让我难过的是，这意味着我必须离开丘拉维斯塔宠物美容沙龙，这个我前后待了九个月的避风港。

我很感激南希小姐和玛莎小姐愿意给我一个机会，我这辈子大概都无法报答她们的知遇之恩。由于我懂的英文仍然很少，唯一能够让她们知道我要永久离开的办法，就是把钥匙交还给她们。我很庆幸当时我已经学会用英语说“谢谢”。

狗如何建立自信心？

- 知道自己在群体或家族里的位置——唯有被群体接纳为一分子，狗狗才会有安全感。

- 让自己擅长某一项技能，所谓技能，可以是最简单的游泳、衔回被击落的猎物、帮主人把东西叼过来，或者是比较复杂的，如驱赶牲畜、敏捷地避开障碍物等。

- 找到一个可以追随、一起玩、一起探索的楷模。

- 在所处环境、所属群体以及生活中培养安全感，没有安全感的狗狗不可能有自信。

- 面对挑战，克服困难，不断学习新技能。（警犬和军犬都显得那么信心十足就是这个原因，它们有机会面对很多其他狗不会遇到的挑战。）

走出舒适区

在辅导缺乏安全感的狗狗时，我会逐步地、和缓地把它引出舒适区，方法就是持续给它以新的挑战，同时利用我的自信心，或者我的狗群中另一只狗狗的自信心，来帮助它建立自信。

名人与狗

杰瑞 · 宋飞（Jerry Seinfeld）

“我受到数百万人的喜爱——除了那只小不点儿狗狗。”杰瑞·宋飞哀怨地说。他是我辅导的狗主人，也是我的朋友，每次见面他都有办法把我逗得哈哈大笑。

杰瑞有两只腊肠犬：若泽和福西，他坦言，其中母犬福西让他伤透了脑筋，因为福西不但和他一点儿都不亲近，甚至一见到他就害怕（事实上福西对任何成年男子都是如此）。“基本上，杰瑞已经放弃它了。”一天下午，杰瑞的太太杰茜卡这么对我说。

杰瑞夫妇是第一次养狗，对于在新来的宠物面前该如何表现，完全没有把握。这种局促不安的感觉使他们在狗狗的眼中变成了软弱的人，而狗狗通常不会顺从或尊重自我怀疑的人类。我的解决办法是，除了帮助害羞的福西建立自信之外，也要让福西这位家喻户晓的主人变得更加自信。

在建立狗的自信心方面，我利用狗绳的牵引，让福西一小步一小步地走向我，到最后，它虽然仍有点儿怯生生的，但已经开始好奇地检查起我的脚来。

然后再轮到主人：我让杰瑞去奖赏福西的勇敢，这代表杰瑞必须先抛开自己的恐惧，勇敢接近福西，才有可能给予福西奖赏和宠爱。

我还向杰瑞夫妇示范了一种与众不同的遛狗方式，以增强福西的自信心，那就是让福西走在这一家由二人二犬组成的小群体的最前端带队。在接下来的日子里，只要杰瑞夫妇能够给福西更多挑战去面对，福西就能克服更多恐惧，从而建立自信。

至于杰瑞，通过不断地给福西以新的挑战，同时感受到福西的进步和成就，他对于狗主人这个角色的自信心也随之大增。

大部分家长都知道，在人类的世界里，小孩子每达成一项新的成就，不管成就有多小，他都会变得更自立自强一些。狗狗也不例外。

要帮助狗狗克服焦虑，我们必须努力成为强大、坚定、值得信赖的楷模，因为信赖感也会增进自信心。当你在帮助狗狗建立自信的同时，很奇妙地，你的自信心也会跟着增加。但是你必须先对你和狗之间的关系有信心，否则不可能成为真正的楷模。一旦学会如何以坚定、自信的态度引领和照顾你的狗，那个不变的宇宙法则就会开始起作用：你的付出将带来千倍的回报。

狗科学档案

对狗狗朗读能增强孩子的自信心和识字能力

狗狗总是全然接受我们本来的样子，不像人类那样喜欢对别人评头论足，因此和狗狗在一起会让我们感觉更为平静、更有安全感、更有自信。科学家正在研究，让识字能力较差或是有其他学习障碍的孩子对着安静、专注的狗狗朗读，看看会有什么效果。初步的发现十分令人鼓舞。[3] 研究结果显示，在对狗狗朗读之后，孩子的阅读表现总体而言有所提高。不过科学家还需要进行更多研究，才能解释这种现象为什么会发生，以及是如何发生的。

艺术家与狗狗之间的自信互动

与狗相处的美妙之处就在于，你赋予它自信心的同时，自己也会有所回报；也就是说，你越让自己成为狗狗心目中坚强可靠的领袖，你自己就会变得越自信。我曾辅导过几十位和杰瑞·宋飞（见 81 页“名人与狗”）同样知名、同样成功的狗主人，但只要一回到家，他们就把所有的权势都让给了自己的狗。

事情不应该是这样的，如果自信心是建立在社会地位和拥有的财富的基础上，这样的自信心不可能持久，只会不堪一击。金钱上的成功可能如过眼云烟，但成为狗狗心中沉着而坚定的领袖，却是一种由内展现出来的能力，这样的自信心永远不会消散。

关于缺乏安全感，每个人或动物都有自己的敏感区。黛西的敏感区是在它的身体上，也就是它不想让美容师触碰的地方；我的敏感区则在于：我在这个异乡很没有安全感，因为我觉得自己在这里什么都不是。

每个人或动物也都有力量强大的区域。黛西的强大在于它的下巴，我的则在于能够深入理解狗狗的沟通方式，这种能力是我的两位老板——即使身为爱狗人士——所没有的。黛西和其他到店里来美容的狗狗让我意识到：没错，我真的有一项特别的本领，一项我所在的这个新国家迫切需要的本领。

就像我从黛西身上学到的那样，建立自信最好的方法就是赢得别人的信任和尊敬，它们就像点燃自信心的火种。我相信，狗狗可以帮助我们找到潜藏在每个人体内的本能力量。

狗学堂　第三节

如何建立自信

- 把狗当作学习的楷模。因为狗都只想当狗，不会想成为别的什么动物，更不会想成为人。以狗为榜样，肯定自己，以自己为荣。

- 找到自己的天赋或才华，培养这方面的能力，下苦功精益求精，直到成为能手，以专长建立自信。

✅ 把生命中的难关视为磨炼内在力量的机会。克服的困难越多，你就会越自信。

✅ 不要停止学习。把握住每一个学习新技能、发掘新能力的机会。

第四课

真诚

狗是真相的追求者，随时都在追寻另一个生命的真我散发出来的无形气味。

——杰弗里·慕萨耶夫·马森（Jeffrey Moussaieff Masson），《狗不是爱情骗子》（*Dogs Never Lie About Love*）

我从狗狗身上学到的最深刻的一堂课，或许就是“真诚”。假如我们能以不隐藏内心感受的态度生活，能不再编织虚幻的自我，能以足够的坦率面对生命中的每一个挑战，能勇敢地承认错误并从中学到教训，人类的生命经验一定会超乎想象地丰富，会更有价值。

狗狗每天都生活在这样的世界里。它们一直都是这样生活的，因为它们完全不会说谎。

什么是真诚？对我来说，真诚其实就是诚实，只是力量要比诚实大上百倍。对动物来说，真诚才是正常的，很多动物知道用欺骗作为生存策略，比如说，鸟妈妈会假装翅膀受伤，让捕食者远离它的巢。但没有任何动物像人类这样，竟然有办法欺骗自己。

身为人类，我们每天都戴着面具，用来掩饰心中不可告人的羞愧，让自己在别人面前更有自尊，帮我们否认自己正在做对自己毫无益处甚至有可能伤害别人的事。这些面具通常是两面的，其中一面让我们欺骗外界，另一面则欺骗我们自己。在动物之中，唯有人类有办法否认、抵赖。要说表演起这种对自己说谎的艺术，我们可是训练有素。

当你真诚生活的时候，你会看到自己的各种不同真相，包括你不愿意正视或暴露出来的部分。当你真诚生活的时候，你向别人展示的是真实的自我，而且更重要的是，你忠实于真实的自我。

在动物直觉的范畴，真诚是会让人有一种特殊感觉的。它具有能量和气味，因此某个人是否真诚，或某件事是不是真的，狗狗马上就能知道。但是在理性的世界，也就是大部分人类所处的世界里，真不真实就变得很难辨识。

真诚与能量

真诚的首要法则之一，就是它和任何动物或人投射出来的“能量”是分不开的。让我先花一点儿篇幅来解释一下我对于能量的定义，因为能量与我们和狗狗、我们和别的动物，以及人与人之间的沟通都有很密切的关系。

我所说的“能量”包括两个元素——情绪和意图。越忠于自己的意图和感受的人，投射出去的能量也就越强，而狗狗就像海绵一样吸收我们投射出去的讯息——因为它们不断进化的任务，就是要弄懂人类无时无刻不在改变的状态。

如果我们的意图和情绪状态不相符合，狗狗立刻就会知道。我最近辅导的一个例子就充分证明了这一点。有一位狗狗的主人因为他的三只罗威纳犬每到晚上出去散步时就变得很失控而来找我，于是我决定在一旁观察他，结果发现，问题原来出在狗狗的主人身上。原来这位狗狗主人在带着狗狗散步时，大部分时间都在和别人打电话，而且有时候说话声音还很激动。他的心思根本不在狗狗的身上，当他的狗狗在拉扯牵绳、扑向路人的时候，他也完全心不在焉。

后来我问这位主人，为什么要在散步的时候打电话，他坦承自己是故意把最容易引起争吵的电话留到晚上散步时才打，因为他不想在家里打，以免家人听到他又吼又叫、情绪激动。因此，他真正的意图并不是要和他的狗狗轻松愉快地出去散个步，而是找个借口从家里出来，好让他处理充满压力的公事。由于他的意图不真诚，散步时他的能量变得很弱，而他的罗威纳犬就成了整个社区的噩梦。

这就是我所说的：你创造的能量是由你的情绪和意图组成的。这位狗狗主人的情绪和意图显然不一致，他的情绪是愤怒、心烦，意图是找借口从家里出来，以便私下处理一些事情，他没有真实地面对自己，而结果就是他完全控制不住自己的狗狗。

这些年来，我遇到过很多让我学会真诚的狗狗老师，其中最让我难忘的是两只很特别的罗威纳犬，一只叫赛可，另一只叫凯恩，就在我摸索着出路并渐渐找到自己事业方向的那些年，它们一起来到我的生命中。

> 假如有一只狗……看了你的脸，却不愿意接近你，这时候你应该回家去好好检视自己的良知。
>
> ——伍德罗·威尔逊（Woodrow Wilson），美国第28任总统

狗舍清洁工

在告别了我在丘拉维斯塔宠物美容沙龙的两位守护天使之后，我一路去了洛杉矶。到了那里，我在街头四处徘徊，寻找市内所有从事犬类训练的公司，一家一家地问有没有工作可以让我做。最后，终于有一家公司愿意面试我，那就是全美训犬学院（All-American Dog Training Academy），他们在招狗舍清洁工。全美训犬学院就是那种狗主人愿意花大笔钱让狗狗接受两个星期训练，然后期待两个星期之后狗狗就完全听得懂指令而且还百分之百服从的地方。我用蹩脚的英语向老板表达了我立志成为训犬师的愿望，老板当场就决定雇用我——不过不是做训犬师，而是当狗舍的清洁工。

每天从早到晚，我又洗又刷，把狗舍打扫得一尘不染。

童年在农场长大的经历，养成了我的敬业精神。爷爷曾教导我，当你承担起一项工作，就要尽自己最大的努力，切切实实把它做好。我把这种观念从墨西哥带到了美国，就是这种尽心尽力的敬业精神，使我在丘拉维斯塔宠物美容沙龙赢得了玛莎小姐和南希小姐的喜爱。

在这里，我更加卖力地工作。当然，我希望自己的勤奋会被赏识，或许有一天老板会把我提拔为训犬师助理。与此同时，我也注意观察在那里工作的训犬师的训犬方法，并尽可能地多学习。

然而，我看到的情况却让我觉得不大对劲。虽然被送进训犬学院的狗狗一看就是备受宠爱的样子，每一只都被照顾得很好，状态极佳，可是它们的行为却透露出另外一个方面——我看到的是恐惧、沮丧、无法专注，甚至失控的攻击行为。它们的主人花了大笔钱把它们送到这里，就是希望能“治好”它们的问题行为，但我很快就看出来，学会坐下、待着、过来、跟上，根本无法解决狗狗更深层次的行为问题。这里的狗狗不上训练课的时候，每一只都会被关在单独的狗舍里，而这样做只会增加它们的焦虑和不安定感。

在全美训犬学院打工的那几个星期里，我认识了几位在我旁边工作的训犬师，他们都是真心爱护动物的好人，问题出在时间和金钱上。当你已经答应了顾客，两周后你会交还给他们一只百依百顺的狗狗的时候，为了说到做到，你有时不得不走捷径，顾不得那些狗狗已经处在焦虑万分的状态——身体蹲伏，耳朵紧贴在后。任何做父母的都会知道，在这种状态下要求小孩服从某项指令，即使孩子真的服从了，对改善孩子的整体行为也不会有任何帮助——更别说要矫正一只狗狗了。

这个观察也使我对什么是“真”有了一点儿小小的领悟，我开始明白，传统的训练——坐下、待着、过来、跟上——是为人类设计的，用的是人类的语言和人类的学习模式。而对于狗狗来说，它们从来就不想要当人，它们只想当狗，只想以真我和人类交流、互动。

我最早训练的狗是两只罗威纳犬，主人希望养它们当保镖

从洗狗舍到洗车

渐渐地，全美的老板交给我更多任务。我的工作之一是把狗从狗舍里牵出来，带去训练场地。那里的训犬师很快注意到，就算是行为问题最严重的狗狗，我也有办法搞定。即使是那些最威武雄壮的品种，我也一点儿都不害怕，而那些狗狗感觉到这一点后，很自然地就会跟随我；对于那些胆子特别小的狗狗，我从来都不会大声说话，也不会强迫它们，我只是钻进狗舍里和它们一起坐着，耐心地等待它们放松下来，然后开始对我产生好奇。信任既已建立，它们就会主动接近我，让我为它们系上牵绳。

由于我有办法处理这些特别棘手的案例，那些训犬师虽然仍不把我当成他们中的一分子，有时候却会把他们手上最顽固的狗狗交给我训练。

全美有一位叫罗斯的顾客，对于我训练他狗狗的成效特别佩服，他的狗狗是一只魁梧的罗威纳犬，名叫赛可。罗斯看出我的才华没有受到充分的赏识，于是提议我到他经营的豪华轿车服务公司帮他洗车，他会给我比全美优厚很多的薪水，甚至还会提供一辆“公司用车”供我使用——在洛杉矶这么大的城市，我确实很需要一辆车。在洗车之余，罗斯还希望我能继续训练赛可，他打算把赛可训练成他的保镖。

过了十几年之后，我才知道为什么罗斯需要保镖：在他的合法事业以及光鲜的门面背后，他在贩毒。他后来因为贩毒被捕而入狱服刑。

狗科学档案

人人都说谎

根据加州大学伯克利分校哈斯商学院的司法心理学家琳恩·布林克博士所做的社会与司法研究，人类判断同类是在说谎还是说真话的能力特别弱，事实上，我们的判断不会比随便扔硬币来决定准确多少。[4]

在欺骗与虚假已经侵蚀了我们的文化的今天，这确实令人担忧。在执法和司法人员之间流传着这么一个愤世嫉俗的说法："人人都说谎。"而斯坦福大学的诈骗与科技专家J.T. 汉考克所做的研究显示，事实似乎确实如此。[5] 据估计，我们在电子邮件中撒谎的概率是14%，在电话中是37%，在面对面谈话中则是27%——而这还只是我们对自己最在乎的人说谎的概率！

从表面上看，离开这家备受尊崇的训犬学院去做洗车的工作，感觉就像朝错误的方向跨了一大步，但我还是跟着自己的直觉走，结果证明我的直觉是对的。罗斯说只要我把洗车的工作做好，除了赛可我还可以训练别的狗。我还没来得及去想要去哪儿找别的顾客，就发现很多大有来头的好莱坞圈内人，会为了特别场合来向罗斯租豪华轿车，而每当有名人或者他们的员工来店里租车时，罗斯就会滔滔不绝地讲他手下有一个墨西哥人训练狗狗的功夫实在神奇。

没过多久，那些向罗斯租豪华轿车的大名人中，就有几位——范·迪塞尔、尼古拉斯·凯奇、迈克尔·贝——到店里来找我（我那时从手到腋下都是肥皂泡）。当他们提议聘用我训练他们的狗狗时，我从来都不会拒绝。只要有办法兼顾，我会尽可能接下所有训练狗狗的活儿。我通常会同时训练 10 只狗左右，最多的一次是同时训练 13 只（真的有点儿疯狂）。但这不仅仅是因为我需要钱，我也希望自己能多一些历练。当时的我刚开始研发自己的训犬方法，需要知道什么行得通、什么行不通，而唯一能让我找到答案的方式，就是练习、练习，再练习。

真我：让赛可做自己！

赛可是第一只让我明白“真诚”为什么如此重要的狗狗，它让我懂得，无论在狗狗的世界里，还是在人类的世界里，真诚都是至关重要的。

罗斯给我的任务是把赛可变成一只凶猛的护卫犬，我一向很喜欢护卫犬训练的高能量挑战和体力锻炼，然而，我越了解赛可，就越不想让它做这种训练。赛可是一只非常聪明的公狗，教它概念和指令，它很快就能学会，而且很显然，它十分热切地想要达成我对它的要求。可是和赛可一起训练了一个星期之后，我已经能看出来，虽然从品种上说它很适合当护卫犬，但它不具有做护卫犬的能量。

就如同所有的狗狗都可以通过矫正而恢复身心平衡，所有的狗狗也都可以训练。大多数主人都很清楚狗狗有多聪明和多才多艺，对人类的需求又是多么的理解，但这并不代表主人为狗狗所设定的训练目标就一定适合它。就像强迫有绘画天赋的小孩只能专注学数学，或是强迫只想静静看书的小孩一定要参加体育比赛一样，强迫狗狗去迎合人类想要的类型，一般来说都不会有什么好的结果。

每只狗都是一个个体，但狗的 DNA 和品种往往决定了它们适合什么样的活动。就以灵猩犬（一种猎犬）来说，这是一种视觉猎犬，以跑得远和追逐诱饵的能力而著称，但如果要教它追踪足迹或打猎，需要做的工作大概会比教比格犬（另一种小型猎犬）复杂得多。因为比格犬是嗅觉猎犬，天生就受到这些活动的吸引；至于灵猩犬，则可能对追踪根本没有什么兴趣。反过来说，比格犬也一样，你还是可以教它追逐诱饵，但它很可能只是应付了事，因为对它来说，把鼻子凑到地面搜寻各种气味要有趣得多。

话说回来，要真正了解某一只狗狗最适合的任务是什么，能量这个因素的影响一点儿也不亚于品种，赛可的情况就是这样。我常常说："能量是怎样就是怎样。"我的意思是说，一只狗狗与生俱来的能量，是不可能随着人的意志或训练而改变的。（人类称这种能量为"性格"，但对狗来说，能量代表的是它在天地以及狗群中的天生位置。）

以这种观点看的话，要一只低能量犬去完成适合高能量犬的任务（比如吓退锲而不舍的窃贼），不管训练得多好，它都做得不起劲。同样，能量高、支配欲强的狗狗或许能学会当温柔宽厚的治疗犬所需要的基本技巧，但它不可能让你觉得很治愈，而且它自己也无法乐在其中。

和大多数罗威纳犬一样，赛可有着健壮的体格和威风的方下巴，令人望而生畏，然而内在的它其实是个亲切、迷糊而又贪玩的大个子，也就是不折不扣的在狗群中属于中间位置的狗。它有精力需要消耗，可是却不擅长面对冲突——它的本性中就没有这种特质。

要成为称职的护卫犬，狗狗必须是天生自信的狗老大，会被训练成警犬的都是这种类型的狗狗。这些狗有一种面对危难奋不顾身的本能，就算中了枪，它们还是会持续地扑向坏人；它们绝不会像有些狗那样，会被巨大的声响吓呆，或者被突然从门后面跳出来的人吓得丢了魂，它们会勇往直前，没有训导员的指令绝不停下来。

而赛可不是这样的狗。虽然它不介意护卫犬的训练，毕竟它喜欢学习新东西，但那些训练对它来说不过是游戏而已，它就是这样一个无忧无虑、只想要玩耍的灵魂。

在这套训练计划之下，赛可没有办法做真正的自己，于是我的工作就变得有点儿像在为机器人设计程序，而不是挖掘它最好的本质。这真是个两难的局面：一方面，我希望罗斯开心，不辜负他交给我的任务；另一方面，我面对的不是机器，而是个体——一只有血有肉、有感觉的狗狗。

有一天，我一边洗一辆加长型豪华轿车，一边苦苦思索该如何训练赛可。一个不经意的念头，让我发现了它真正的天赋：它在学习复杂的任务和技巧时特别灵巧，而且是打心底喜欢我教它这些东西。

和护卫犬的训练不同（赛可愿意做只是因为我要它做），对于学习这些与它乐天的个性比较合拍的行为，我能看得出来它充满了期待和动力。为了尽量利用时间训练我手上的那些狗狗，我开始为其中几只设计一些小游戏，让它们在我洗车的时候练习。有一天，我灵机一动，想到可以教一只聪明的德国牧羊犬当我的“助手”。这只德国牧羊犬名叫豪伊，在接下来的几个星期里，我教它听我的指令帮我提一桶水过来。有了打水小帮手之后，我又想到，或许我应该训练赛可拉水管。

事实证明，赛可是个一点就通的好学生，好像它这辈子就等着要学这样的东西似的！它真的是又高又壮，下巴又十足有力，我要解决的最大问题就是教它在拉水管时牙齿不要把软管刺破。它咬破的每一条软管，罗斯都要我自己掏腰包换新的，这对当时薪水微薄的我来说是一大负担。最后，我不但让赛可学会把水管拉出来拖到轿车旁边，还教会它帮我把车轮冲洗干净。

我想赛可应该比我还要完美主义，看见我们一起工作的人都不敢相信，这只55千克的罗威纳犬竟然不厌其烦地对着豪华轿车的轮子冲水。在我和赛可相处的一年半时间里，我教会了它各种各样的行为和花招，有的实用，有的纯粹只是好玩。总之，赛可已经找到内心的呼唤，再多的训练它都乐此不疲。

后来，罗斯宽容地接受了我为赛可创造的新角色，虽然不符合他原来养罗威纳犬的目的，但他尊重我对狗狗的看法，也就调整自己的心态接受了新情况。

赛可最终没能变成罗斯的护卫犬。它非常善于提醒主人眼前的危险，也能将狂吠不止、令人畏惧的罗威纳犬形象扮演得无懈可击，但它本质上不是一只会攻击人的狗，在这方面它不管怎么样都做不好，因为那不是真正的它。要当一个成功的训犬师——或者更重要的，要培养出快乐、情绪平衡的狗——你必须从既有的能量下功夫，换句话说，你必须让狗做自己。

在训练赛可的过程中，我学会相信自己对狗的直觉，并且绝不强迫狗违反它的本性，这一点后来成为我的矫正方法最重要的基础之一。

而要经过更长一段时间之后，我才懂得把真诚做自己的领悟，应用到我自己身上。

最重要的是，要成为，而不是装模作样。

——阿尔贝·加缪（Albert Camus）

狗狗如何真诚做自己

✔ 狗天生就具备某种能量，这种能量会保有一辈子，不可能改变，也无法伪装。

✔ 狗不会说谎，通过能量和肢体语言，狗随时都在向我们透露它当下的想法和感受。

✔ 狗很容易就能看穿人类的真实面目，它第一时间就能感受到你的能量，察觉出你的意图。

✔ 狗狗之间永远坦诚相见。只要一碰面，它们就知道对方是友是敌，又或者只是泛泛之交，因为狗从来都不隐藏自己，也不隐瞒心里想要什么。

✔ 狗生性真诚、不虚假，真诚与否是影响狗是否情绪平衡以及快乐的重要因素。狗本能地知道自己的天赋是什么，只要人类肯让它去做，它一定能发挥得淋漓尽致。

训练凯恩

凯恩在任何人心目中都是那种理想的罗威纳犬，所有条件一应俱全：大头、方下巴，锐利的眼神仿佛能把人看穿，身体精瘦但肌肉发达，毛是闪闪发亮的黑褐色，它雄壮威武的姿态，足以把美国养犬俱乐部（American Kennel Club）的狗都比下去。

我给凯恩取了个绰号叫“董事长”，灵感来自弗兰克·辛纳屈（Frank Sinatra）的昵称。不仅是因为凯恩深邃的蓝眼睛让我想起这位家喻户晓的流行歌手，还因为它同样天生就有一种令人难以抗拒的魅力，只要它走进一个房间，里面的每个人都能感受到这股魅力；此外，凯恩也和辛纳屈一样，从来不会做过火的事，它总是那么风度翩翩，能量强大却低调、优雅，但绝对令人无法忽视。

在我终于挂起自己的创业招牌之后，凯恩来到我的生命中。罗斯在我为他工作一年半之后，把他的车行卖了，但他建议我找接手的新车行老板谈，因为“我们需要彼此”。新车行老板名叫瓦尔多，他需要有人保卫他位于洛杉矶南部的仓库。他告诉我帮派分子很怕我养的那些强大威猛的犬品种，希望我每天晚上可以牵着我的狗狗帮他巡逻仓库，而作为交换，我可以使用旁边用围篱围起来的一大片停车场，作为我训练狗狗的场地。罗斯说得没错，这真是个完美的安排。

那时候，经过一年半又是洗车又是训犬的不停工作，我已经存了 15000 美金左右——要出来创业，这笔钱可以说是绰绰有余。我去洛杉矶市政厅花了大约 200 美金办了一张营业执照，这差不多就是我的创业成本了。

我把我的新事业取名为“狗狗心理中心”（Dog Psychology Center），这是有原因的。因为到了那个时候，我已经知道自己并不想成为传统的训犬师，我认为所谓的训犬——诸如全美训犬学院所从事的那种训练——并不能真正解决我所入籍的这个国家的狗以及狗主人所面对的问题。

在内心深处我一直觉得，美国人并不了解他们的狗狗需

你能从我脸上的表情看出来我真的很喜欢我的工作吗？从狗狗对待我们的方式，我们可以学到很多有关爱与被爱的知识与技能

要什么才能快乐，但从我过去辅导狗主人的成功经验中，我看到这些有爱心的狗主人是有意愿也有能力学习的。从那时候开始，我大量阅读，希望能找到支持我理论的观点。后来我偶然间看到一本《狗心理学：训犬入门》（*Dog Psychology: The Basis of Dog Training*），作者莱昂·F. 惠特尼博士是一位国际知名的兽医，在伦敦执业，他以知性的语言写出了我凭直觉逐渐领悟到的每一件事。许多年以后，我很荣幸地在法国戛纳与惠特尼博士见了面，并亲自向他道谢，是他启发我为我的新事业取了这个名字。

我的朋友甚至我的前妻都觉得我疯了，他们说："没有人会知道狗狗心理中心到底是什么东西。”可是我很坚持，因为在内心深处，我知道这个名字是对的，而在这件事情上，忠于自我给我带来了很多好处。

最早的狗狗心理中心是在洛杉矶南部工业区里一块围篱圈起来的空地上，再加上一座小仓库，设备非常简陋，周围环境也比较复杂，但场地的大小刚刚好，租金又不贵，而且完全由我自己经营。这时候，我擅长矫正有侵略性的狗的口碑已经渐渐传开，现在，大家终于有一个固定的地方可以找到我了。

凯恩的主人罗曼·菲佛是美国职业橄榄球大联盟的一名中后卫球员，当时他效力的是洛杉矶公羊队。罗曼是我最早的大主顾之一，他是个充满力量和魅力、令人印象深刻的家伙。我们刚认识的时候，身高188厘米的他体重只有107.5公斤，全身没有一点儿赘肉，可以一口气做380次仰卧推举。他也十分聪明，体育记者形容他在场上的打法是“神机妙算”——虽然如此，他的神机妙算却算不出该拿自己的狗狗怎么办。

“帮帮忙，老兄！”有一天，他拉着两只漂亮的狗出现在我的狗狗心理中心，这样对我说道。接着他指着凯恩说，“我的狗会攻击我的朋友们！”

罗曼的问题和我的许多顾客一样，和他们在家中与狗狗的互动方式有关。要记住，大多数人刚开始养狗的时候，不见得知道应该怎么对待狗，尤其是养强大威猛的品种时，更容易出现问题。主人会选这类品种，当然是因为喜欢它们壮硕的体格、优美的姿态，以及它们所展现出的某种形象。然而，有些主人期待新宠物从一开始就能十全十美，根本没有去了解自己的宠物到底需要什么才能感到和谐而满足。

罗曼来找我的时候，凯恩正处于最难应付的发育期。就像人类的青春期一样，这是一个测试底线、挑战极限的阶段——狗狗就是在这个时期开始探索主人的底线在哪里的。

罗曼当时既年轻又是单身，经常邀请同样年轻也单身的队友到他家里一起消磨时光。身为阳刚的大男孩，他理所当然地以为凯恩会服从他和他那些一样阳刚的队友，但凯恩比他的主人更了解自己的力量，它才不会做任何人的可爱乖宝宝。

原来罗曼有几个好朋友私底下很害怕狗，尤其是像罗威纳犬这类强大的品种。当然，他们表面上装作若无其事，但凯恩马上就感受到了。罗曼和他队友身上充满睾丸素和肾上腺素的男性阳刚能量，使得凯恩的能量变得更强大了，它当然要宣示自己在罗曼的朋友之间拥有同等的地位，所以每当这些朋友在它面前表现得比较强硬时，它就会以咆哮和咬人来表现出它知道他们怕狗的秘密，凯恩其实是在告诉罗曼的朋友："别小看我，我生来就和你们一样强大。"

焦头烂额

罗曼被凯恩弄得焦头烂额，所以养了差不多一年之后，就把凯恩留在我的狗狗心理中心。别人没有想到的是，那时候的我也正处在焦头烂额的状态。

那是 1994 年，我刚刚和 19 岁的女友奉子成婚，我们在一起还不过 10 个月，对彼此的了解还不够深。当时才 24 岁的我，从来没有想过要这么早成家，然而从小父母就教导我，和女生交往要有诚信，我不想对不起自己的良心。

婚礼结束后不久，我就意识到自己根本没有准备好面对婚姻和小孩。当时我连个活期存款户头都没有，我和 6 只狗一起住在朋友后院一间改装的工作室里，我把手头上多余的钱几乎全投进了我还没开始赚钱的新事业。对于每一只送到我这里训练和寄宿的狗，我一天才收 10 美金，尽管在我这里寄宿的狗不论何时都有 15 到 50 只，但其中属于主人付费来让我矫正行为问题的还不到一半，其他的狗都是我从救援团体那里领养，或从街头捡回来的流浪狗。

我在美国也没有任何亲人，于是妻子的父母和兄弟就成了我唯一的亲戚，虽然他们都是拉丁裔，但价值观已经和美国人完全一样。另外，我根本不知道该如何把我从故乡带来的那套对性别角色的刻板认定，和我这位很美国的妻子的期望达成一致。

随着大儿子安德烈的诞生，突然之间升为人父的我感到更加困惑，我内心渴望受到尊重，但我混淆了尊重和畏惧。和罗曼的队友一样，我的心中藏着很多恐惧，表面上却装作若无其事，私底下则拼命从身边寻找可以模仿的榜样，希望借此成为自己心目中期望的样子。

环顾身边，我总是学到同一件事，那就是永远要做自己……不要想着找成功的榜样来当作模仿的对象。

——李小龙

戴上假面具

就在那个时期，在我二十五六岁时的某一天，我看到电视上在播放《疤面煞星》（*Scarface*），我曾听朋友盛赞这部电影，于是决定坐下来把电影看完。故事的主角是一个名叫托尼·蒙塔纳的毒贩，由阿尔·帕西诺（Al Pacino）饰演，这个角色令我深深着迷，使我想起自己从小到大所认知的、充满力量的男子汉形象——就像墨西哥著名毒枭“矮子古兹曼”那样的人物。在马萨特兰，在我们所居住的劳动阶层的社区，生活中随时都接触得到犯罪活动。在学校里，我的许多同学甚至崇拜那些有钱有势、利用恐惧控制整座城市的街头老大。

当时我在洛杉矶中南部工作和生活，左邻右舍几乎全都是非洲裔帮派或拉丁裔帮派的成员。那时候正是这些帮派统治街头的20世纪90年代，在我的生活周围，每天从早到晚看到的所谓力量，就是以这些人为代表。

阿尔·帕西诺是一位令人折服的演员，他完全把托尼·蒙塔纳的雄心万丈演活了，同样也满怀抱负的我，深深受到这种特质的吸引。托尼是个天不怕、地不怕的人，我极度渴望自己也能够无所畏惧地追求梦想——尽管私底下，我被自己必须扮演丈夫和父亲的新角色给吓坏了。

于是，我冲动地决定从此要表现得像托尼那样无所畏惧而又冷酷无情，也不管他那种外放的作风其实完全不符合我的真性情。为了逃避内心强烈的不安全感，我选择扮演托尼这个角色作为自我保护的方式。

但是我做得太过火了，我开始学托尼说话的方式，刻意模仿他的做派。那时候，我每天花一点儿钱聘请当地一个名叫安德烈亚斯的少年下午到狗狗心理中心来帮忙，偶尔还会连他的弟弟一起雇用。他们两个看着我从生性安静、通情达理的老板，摇身一变成为严厉、刻薄的暴君，都感到十分惊讶。在家里，我也变得暴躁而苛刻，我的新婚妻子不知道我究竟是怎么了，而她一点儿也不喜欢我的转变。坦白说，我自己也谈不上喜欢这种转变，然而有了一副面具可以隐藏我的不安全感，让我如释重负——至少在那个时候，感觉这也是解决问题的一种办法。

千万别对狗撒谎

没过多久，我充满男子汉气概的托尼·蒙塔纳角色扮演，就开始在生活中的各个方面对我造成危害。在此之前，一切都好好的，我和掌管狗狗心理中心周围地盘的帮派分子没有直接接触，彼此相安无事。事实上，他们还相当尊敬我，因

狗科学档案

骗狗者，必失其心

2015 年，《动物认知》（*Animal Cognition*）期刊发表了一篇由日本京都大学科学家所做的研究报告，该研究显示：欺骗狗狗的主人长此以往将失去狗狗的信任。[6]

这些日本研究人员找来两个不透明的密封容器，一个里面有食物，另一个则是空的。在第一回合的实验中，研究人员清楚地指示哪一个容器里面藏有食物，再让狗去找出里面的食物吃掉。到了第二回合，研究人员故意欺骗参与测试的狗，把它们引向空的容器。最后，同样的研究人员用手指向有食物的容器，就和第一回合一样——但结果却有天壤之别，这一次，只有百分之八的狗狗遵照人类的指示去找食物。

研究的结论是，狗狗其实很清楚哪些人会给它们不可靠的讯息。换句话说，让狗狗上当一次，是狗被你羞辱；若想让狗上当第二次，你就是自取其辱了，因为那只狗大概再也不会相信你了。

为我会在街上散步或滑旱冰，身边还有一群强壮的狗，它们的队列齐整得不得了。

当地的商家也注意到我的出现，有些商家竟然付钱给我，让我每天晚上带狗去他们的仓库和停车场巡逻。（我当时以为他们疯了，因为不管怎样我遛狗都是要经过这些地方的。不过我还是开开心心地把钱收下了！）也因为我每天晚上都带狗散步，经过的街道和巷子都变干净了。住在这里的居民原本很习惯在傍晚六点过后，把家里的垃圾、旧家具和各种废弃物拿到巷子里丢掉，当邻里间流传着有一群高大威猛的狗常常在附近巡逻时，大家都不再乱扔垃圾了。

那些帮派分子弄不明白我怎么有办法应付这么多只狗，而且还经常不系牵绳，在他们眼中，这就代表了力量，因此他们从不来骚扰我。然而变身托尼·蒙塔纳以后，我自己就变得像流氓一样。走在路上的我总是趾高气扬的，原本常穿普通休闲工作服的我，现在则改穿阿尔·帕西诺在电影里穿的那些一看就知道是迈阿密帮派分子的俗艳衣服。我甚至开始向路上碰到的帮派分子呛声，那种不尊重已经临他们几乎就要对我不利的边缘不远了。现在回想起来，我真不敢相信自己是那么愚蠢，竟然为了装硬汉冒这种风险，可在那个时候，我真的以为自己成功了。

最先识破我“托尼·蒙塔纳假面具”的，是我在狗狗心理中心的那群狗。当时我正在训练六只壮硕的罗威纳犬（包括凯恩），再加上我的比特犬老爹，它那时还只是一只小狗。一直以来，我能够和狗狗沟通的“秘密”就在于我沉着、坚定的能量，动物天生就会尊重这种能量，而当动物尊重你时，它们就会听从你、追随你。但自信并不等于咄咄逼人，而我扮演的托尼·蒙塔纳却是超级具有攻击性的！这种能量在动物看来就是不稳定——就如同我一直所强调的那样，动物之中只有人类才会追随不稳定的领袖。

狗群之中最强势的就是凯恩，最先看穿我的也是它。每当我趾高气扬地走在路上，它就会做两件事：第一，模仿我傲慢的态度；第二，以不服从来挑战我的领导地位（其他狗狗看到它不服从，也会跟着造反）。我的托尼·蒙塔纳作风对于凯恩来说，只是又一个表面装得像硬汉、私底下却极度缺乏安全感的家伙，既然人类领袖表现得这么不稳定，它当然要把领导狗群的任务接过去。

任何团队只要有两个领袖按照两种完全不同的思路下棋，注定要变得一团混乱，我的狗群就是这样。凯恩是老大，我也是老大，而我们两个之中，只有凯恩知道自己是谁。当我带着狗群出去散步的时候，那些狗都四下散开、到处乱走。

那时候我还年轻，心中满是困惑，一开始还没意识到是哪里出了问题。然而一旦那些狗不再听我的使唤，附近的帮派分子也不再尊敬我了。而且由于我穿得就像毒贩一样，走路的样子又像整条街都属于我似的，我等于是让自己成了标靶。

有一天，我和一位从我刚到洛杉矶就认识的朋友见面，看到我的作风和以前大不一样，他忍不住问我："你是怎么了？你以为自己是谁？"我迷惑地看着他，他满脸严肃地继续说道："如果再这样下去，总有一天你就算不被那些帮派分子乱枪打死，你的那些狗也不会再听你的了。"

那一刻，我心中豁然开朗，当下明白了狗狗那些令人难以预料的行为，都是由于我自己的虚假引起的。它们不再把我当回事儿，也不愿意再追随我。在动物的世界里，群体的领袖绝不能不真实，因为不真实很明显就是不稳定的表现，狗狗或许会容忍，但不可能信服。

消灭托尼·蒙塔纳

对于我的真实困境，扮演托尼·蒙塔纳是个错误的解决办法。当现实的局面使我不知所措、内心感觉恐惧且没有安全感时，我选择了扮演一个非我本性的角色——什么都不选，偏偏选一个纯属虚构的电影人物——而我躲在角色扮演的面具之下。讽刺的是，我这个为了保护自己而做的幼稚选择，却足以永久地破坏我和狗狗们的关系，进而毁掉我羽翼未丰的事业。

我的训狗本领一向建立在我以真实的自我全然坦诚地对待我所训练的狗狗的基础之上。要做到这一点，需要的是一股来自内在的沉着而坚定的能量，而这从来就不是我扮演出来的。假如继续在那条虚假的道路上走下去，我大概不可能像现在这样持续不断地解决狗狗的问题，而最终，我的事业也将岌岌可危。在不经意间，我差点儿毁了自己的梦想，只因为我不愿意承认自己的恐惧和脆弱，不愿意在恐惧和脆弱中勇往直前，接受成长的洗礼。

凯恩让我明白，只要能做自己，就已经够好了——即便那个“自己”在人类的世界里并不总是那么有信心。狗狗很有耐心，它们会等你慢慢解决好自己的人类问题，只要你和它们互动时不投射出不诚实或不稳定的能量就可以。狗狗没有什么要求，就只要你诚实，它们也值得你真实地对待。而要更真诚地做自己，我们往往需要忘掉很多所谓如何在社会上“成功”的做法，最好的办法就是经常回归到我们最诚实、最高尚的原始本能。

为了永远消灭托尼·蒙塔纳，我给自己照了张照片，又照了一张阿尔·帕西诺饰演托尼·蒙塔纳的照片，然后用自己的脸覆盖住托尼·蒙塔纳的脸。直到今天，我家里还保留着这张照片，以便提醒自己有过那么一段不真诚的时光。

重新训练凯恩

事实证明，凯恩一直都很清楚自己是谁、本性是什么，根本不需要矫正，需要矫正的其实是它的主人，还有我。

于是我开始调整自己的态度，并发誓要永远忠于自己、永远真诚地对待我的狗狗。这个改变使我和凯恩之间的关系开始好转。我和它一起做轻松好玩的活动，借此重新培养我们之间的感情。我会带它去马利布北边的海滩，在既新鲜又自然的环境里一起玩你丢我捡的游戏；我们在山里一起奔跑，在令人心旷神怡的海浪中一起踩水花。我设计出各种好玩、愚蠢而又欢乐的游戏和它一起玩，为的是激发它顽皮的一面，并重新建立它对我的信任——这些游戏和引起它支配欲的活

名人与狗

亚历克·鲍德温

众所周知，我的客户亚历克·鲍德温（Alec Baldwin）是目前演艺圈最忙碌、最勤奋的演员之一，他的全职工作是塑造角色和戴上面具。但在荧幕之外，大家都说他是个心直口快、口无遮拦的家伙，把很多人都得罪了。这样的说法其实有点儿夸大，而他本人也因难以摆脱这种片面印象烦恼不已。

“很多人都不了解亚历克，”他的妻子希拉里娅说，她是曼哈顿一位有名的瑜伽老师，“走在路上的时候，他就是很惹人注目。被那么多目光注意能让人精疲力尽，尤其是当你生活在纽约这样一个繁忙的大都市的时候。他没有地方可躲，他的公众生活简直一团混乱。我们很爱我们的狗狗，就是因为它们完全不知道他是名人，就只是无条件地爱他，就像他无条件地爱它们一样，这种关系很纯粹——也许可以说是亚历克拥有过的最纯粹的关系。”

亚历克的狗狗看到的是真正的亚历克，从他的心灵、他的灵魂理解他，它们看到的不是戴着面具的他，甚至也不是那个引人争议、会在新闻或小报上不留情面地说实话的家伙。亚历克的狗狗既听话又稳定，因为亚历克都是以真实的自我和它们相处，相应的，它们也反映出亚历克不常为人知的一面。

狗狗送给我们的无价之宝，就是让我们可以完全地放松、完全地做自己，即便有缺点，它们也还是会无条件地爱我们。

动刚好相反。

接下来，我开始辅导凯恩的主人罗曼，帮助他在凯恩面前展现沉着、坚定的领导风格，并教他如何马上辨识出凯恩正对某个人感到不爽（尤其是他那些怕狗却又要逞强、虚张声势的朋友）。

两年后，罗曼成家了，为了说服他的新婚妻子凯恩是一只安全可靠的狗狗，不会对他们的新生儿造成任何危害，我又辅导了罗曼和凯恩一阵子。过了几年，罗曼再度联系我，此时他已离婚，这一次他希望我能帮忙让凯恩和他新交往的女朋友以及她养的迷你吉娃娃建立良好的关系。

凯恩的故事有美满结局吗？它从此再也没有凶罗曼的朋友，事实上，罗曼每次带家人出游，不管去哪儿都会带着凯恩，凯恩已经成为罗曼可靠的家人，也是他孩子眼中的“狗大哥”。

我永远忘不了这只气宇非凡的罗威纳犬，更不会忘记它曾给我上了一堂宝贵的关于建立自信的课。

四个世界

我把从狗狗身上学到的很多东西转化成简单的概念，以便于消化、传授，其中有一个概念和真诚直接相关，主要围绕着我所说的“四个世界”。

我认为，我们都是以四种世界来理解和经历生命中的事件以及与他人的互动，人类的存在就是由这四种迥然不同的世界所组成的。这四种世界就是：

精神世界
情感世界
理智世界
本能世界

让我举几个例子来说明：神职人员大部分时间都活在精神世界里，数据分析师主要活在理智世界里，情感小说家则同时生活在理智世界和情感世界里，而农夫可能大部分时间都生活在本能世界里。

随着环境和情况的改变，我们可能从一个世界转换到另一个世界，例如律师工作的时候主要处于理智世界，而一旦下班回家见到孩子，可能就会跳回情感世界，不过大部分人都会有一个自己比较倾向的世界。

如果有可能，请你记住以下这一点：在任何时候，不管你所处的世界是四个中的哪一个，它都是你看待生命和定义现实的透视镜。反过来，这个现实也将塑造你和所有人、动物和事物关联的方式，并且决定你在任何时候、对任何处境所做的反应。

假如你大部分时间都守在理智世界里，当你和固守情感世界的人互动时，他们可能会觉得你缺乏爱心或同理心。如果你是倾向于精神世界的人，当和倾向于理智世界的人互动时，在他们眼中你可能会显得有点儿迷信或不理性。肯定这四个世界的存在，并在每一个当下辨识出我们所在的是哪一个世界，将有助于人与人之间的沟通和理解，而加强和改善沟通，总是能使大家变得更加真诚。

一般人所处的世界大多介于理智世界和情感世界之间，但狗狗是本能世界的永久居民（所有动物都是）。我在矫正有问题的狗狗的时候，总是牢牢固守在本能世界，这样我才能在和狗狗相同的水平面上理解它。

> 全能者上帝赐予吾人犬类，以伴吾人共度欢乐之时、辛劳之时，并赋予其生来高贵之本性，永不知欺诈为何物。
>
> ——沃尔特·斯科特爵士（Sir Walter Scott）

狗永远不会说谎

每当我接到案子，到狗主人那里评估狗狗的行为问题时，我通常会坐下来聆听那位忧心忡忡的主人详细告诉我他的狗狗有哪些问题行为，以及为什么会这样。然而根据我的经验，狗狗的行为问题起因几乎从来都不是狗主人所描述的那些。

当然，我还是会专心聆听主人的故事，仔细观察对方在故事中注入的个人情绪和戏剧化情节，这些元素显然已成了故事很重要的一部分。然后我会观察那只狗，它就会告诉我："我的主人情绪很不稳定，我很害怕。"或者："主人理都不理我，我好无聊，所以才会乱抓家具。"狗狗会立刻告诉我那个家真实的情况，以及它的主人究竟有什么问题，这就是为什么我常常说：人和我说的是故事，狗告诉我的才是真相。

与本能的自我重新联结

狗狗的本能反应都不是预先想好的。狗狗会咬人，是因为它感到害怕或受到挑战，而不是因为它不喜欢你，也不是因为你讲的某些话触怒了它。狗狗的行为都是本能反应，这也代表它们的反应一定是真心的，如果能以狗狗为榜样，我们也就踏出了成为一个更真诚的人的第一步。

狗学堂　第四节

如何成为真诚的人

✔ 察觉自己的直觉。请记住，你的第一反应通常是最真诚的反应（未必是对的反应，但一定是最真诚的反应）。

✔ 观察别人的肢体语言，身体（尤其是眼睛）的反应通常骗不了人。

✔ 当内心有一个声音提醒你说真话可能会有的后果时，不要轻易妥协。那个声音会说："我不能说出来，否则可能把饭碗丢了。"或者："我不能告诉他，他绝对不会理解的。"要质疑这些假设，因为这些假设通常是错误的，而且会让我们变得不那么真诚。

第五课

宽恕

狗有一种只能称为神性的宽恕能力，能尽释前嫌，每天欢欣度日。这是一种我们人类难以企及的能力。

——珍妮弗·斯基夫（Jennifer Skiff），
《狗的神性》（*The Divinity of Dogs*）

当目击者回忆事发经过时，都说先是听到一阵尖锐的叫声，是那种无辜的动物正遭受极度痛苦的凄厉呜咽，任何一个有慈悲心的人听了都会感到揪心不已。

叫声越来越近了，在洛杉矶中南部这个简陋的劳动阶层居住的社区，越来越多的居民从窗户探出头来查看，还有一些人直接走到大街上，想看看究竟发生了什么事。

一团火球从大街的另一头冲了出来，火焰熊熊燃烧，空气中弥漫着令人恶心的汽油味和烧焦的肉味。火焰下面是一只狗，正沿着大街朝居民狂奔而来，它的嘴巴张开，两只眼睛因为惊恐而睁得又圆又大。

事情很明显，也很令人发指：有人放火烧这只比特犬。

围观者之中有几个好心人见义勇为，立刻上前抢救这只可怜的比特犬。他们用毯子扑灭火焰，拿来湿毛巾帮狗冷敷，并在动物收容所的工作人员抵达前尽力安抚它。幸好，这只比特犬撑到了附近的医院，急诊兽医赶忙处理它已经三度烧伤的伤口，它整个结实的背部已经被烧得皮开肉绽。

几个星期后，一个规模不大但充满热情的救援组织“心尾相连”(Hearts and Tails)把这只比特犬接出院，并收留了它，为它取名罗丝玛丽。

罗丝玛丽是一只黄白相间、外表娇贵的混种比特犬，它应该是被非法斗狗场遗弃的。我们无从得知为什么有人要放火烧它，但可以肯定一定是故意的。或许它触怒了斗狗场的饲主；或许它输掉了一场重要的比赛，饲主决定不要它了；但更有可能的是，它是斗狗场的诱饵犬，也就是让其他斗犬练习杀戳的对象——因为罗丝玛丽生性温柔又羞怯。又或许，虐待它的人根本没有发脾气，只不过那天比平常更变态一点儿。无论如何，这么野蛮的行径还配谈有任何理由吗——他们在它美丽的背部浇满汽油，点火，然后狂笑着看它在洛杉矶中南部的大街上狂奔，橘色的火焰从它身上蹿起，它承受着痛苦与背弃，嘶声嚎叫。

感谢老天有这么多致力于动物救援的志愿者，他们和我一样，认为没有任何动物活该被丢弃，即使是因为自然、意外或人为因素而受到创伤的动物也一样。这些善心人士是世界上最慈悲也最坚强的灵魂，因为他们经常目睹人类是如何疏于照顾、虐待甚至残酷折磨狗的。人性最丑陋的一面每天在眼前上演，当你看到有人竟然能够如此对待无辜又无助的动物时，你对全人类的信任也会被削弱。

在罗丝玛丽住院接受严重烧伤治疗期间，“心尾相连”的志愿者发起了募捐活动，顺利筹到了它的住院费。当伤势开始恢复后，罗丝玛丽可以出院了，志愿者把它接到收养家庭中，准备开始长期的身心康复过程。但很快大家就发现，它的创伤不只是在生理上，它的心灵也被人类烙下了永久的疤痕。

罗丝玛丽几乎从一出院就开始显现出攻击性，对想要帮助它的志愿者咆哮，甚至会咬他们。有一次当罗丝玛丽和收养它的女主人外出散步的时候，它竟然攻击了两位老先生。如果不是照顾它的志愿者都是经验丰富、尽心尽力的好人，它肯定会被送去安乐死。但这些志愿者明白罗丝玛丽曾经历过什么样的苦难，他们希望再给它一次重生的机会，让它可以过上自己应得的生活。他们抱着最后一丝希望，带它来找我。

而罗丝玛丽将教会我什么是宽恕，它带给我的深刻领悟，至今仍然深深地影响着我。

挑拨一只动物与另一只动物互斗的人，想当恶霸又没胆量，只能说是二手的懦夫。

——克利夫兰·艾默里（Cleveland Amory）

重新建立信任

救援志愿者对我说明情况时，把罗丝玛丽形容成是带有致命性危险的狗，但我随即发现，它的攻击性百分之百是出于恐惧。它从本质上来说是一只能量较低、在狗群中属于靠后位置的狗，对于打斗一点儿兴趣也没有（这可能也是斗狗场饲主丢弃它的原因）。我检查它满是伤疤的身体，果然它不曾被当作繁殖犬，因为它没有生过小狗，斗狗场一般都会找支配欲较强的母狗作为繁殖犬。

我对待所有的狗都一样，都是先让它们以自己感到舒服的方式慢慢熟悉我。刚开始的几天，我让罗丝玛丽和我的狗群隔离，然后就静静地在它旁边坐了很久，等它准备好了自己主动接近我。它第一次过来接近我时，先舔了一下我的脸，呼了口气，然后就把头靠在我的大腿上。事实再明显不过，罗丝玛丽其实是一只生性温柔、情感丰富的狗狗，它之所以会攻击人，完全是环境逼出来的。过去的斗狗场生涯使它看到人类就联想到痛苦和虐待，因此它必须先发制人保护自己，它要在对方伤害自己之前先打倒对方。

和我的狗群（当时已经增加到40至50只狗）一起生活，

要让狗狗学会信任和尊重，方式之一是让它加入狗群，狗在群体中总能找到自己的位置

也使罗丝玛丽的心理创伤得以逐渐愈合。狗不会在乎另一只狗是否满身都是烧伤后留下的疤痕，有没有缺一只眼或一条腿，它们感受到的就只是对方的能量，而罗丝玛丽尽管一开始很害羞，但它热情温柔的气质很快就受到了狗群的欢迎。

我的狗群欣然接纳了罗丝玛丽，而随着它和狗群、和我的太太还有孩子、和狗狗心理中心那些充满爱心的工作人员相处日久，它也开始走出自己的保护壳。对所有来到狗狗心理中心的访客，我都会叮嘱他们要以尊重的方式接近罗丝玛丽，给它空间，并遵守我制定的与狗狗初次见面的原则：不摸、不语、眼神不接触。

名人与狗

凯莎（Kesha）

集创作歌手、饶舌歌手和演员身份于一身的凯莎（全名凯莎·罗斯·塞伯特）对所有动物都有着满满的爱心和尊重。身为美国人道协会（The Humane Society of the United States）的首位全球亲善大使，她在全球各地发起行动，反对动物实验。青少年时期的凯莎经常参与动物救援活动，帮助过的动物数以百计，其中有许多动物都是被主人遗弃、虐待或忽视的，因此对于动物那令人不可思议的宽恕能力，她有过许多亲身体验。

“狗就是会信任你，完全不需要任何条件，就是那么的纯粹而美好。”凯莎说，“我感觉我刚来到这个世界上的时候就是这个样子，但经过这么多年，你很难不身心俱疲，这时你就会想追求动物的境界，那么美好，那么纯粹——我经常努力让自己回到那样的境界。”

近几年，凯莎自己也遭遇逆境，她和之前的唱片制作人打了两年官司，闹得沸沸扬扬。直到2016年，她决定撤销诉讼，放下过去向前走，好好发展自己的事业。看到狗狗在经历过令人难以想象的残酷对待之后，仍然能好好地活下去，对凯莎是极大的鼓舞，她因此而更懂得如何面对生命中的各种挫折与背叛。

看着罗丝玛丽这辈子第一次和人类建立起信任和感情，对我来说是一种十分神圣的体验。它的宽恕能力几乎可以用神性来形容。这样一只一辈子受尽人类以最极端方式折磨的狗，原本因为防卫心理会攻击救援志愿者，后来竟然可以变成每次见到我的儿子卡尔文和安德烈（他们放学后会到中心来和狗狗玩），就会上前用鼻子爱怜地磨蹭他们。

犯错是人性，宽恕是犬性。

——佚名

罗丝玛丽找到自己的天职

除了信任感与日俱增，罗丝玛丽对狗群还有其他贡献。在整个自然界，所有动物都有属于自己的位置——鲸、灵长类动物如此，狼群更是这样。事实上，很多物种的生存，都有赖于“单亲妈妈”或年长雌性充当新生儿保姆的习性，事实证明，罗丝玛丽天生就是当保姆的料。

当时差不多是我成立狗狗心理中心两年的时候，洛杉矶

再大的伤害都能原谅

迈克尔·维克的斗犬

2007年4月初，一队联邦调查局警员与当地执法人员联手突袭了弗吉尼亚州一个占地15英亩的养狗场，这个养狗场名为“坏消息”，其所有者是职业橄榄球亚特兰大猎鹰队的四分卫迈克尔·维克。警方在养狗场里查获了价值数百万美元的地下斗狗擂台，没收了将近70只被圈养的狗，大部分是比特犬，其中多只伤势严重。

迈克尔·维克认罪后被判入狱——但那些重获自由的比特犬的命运将如何呢？甚至连美国防止虐待动物协会（ASPCA）的政策都主张凡是斗犬就必须处以安乐死，幸亏有一群热心而又无私奉献的志愿者，竭尽所能阻止了这件事情的发生。

中南部的居民已经把我们这里当作动物收容所，会把怀孕的母狗或整箱的小狗遗弃在中心大门外。我们总是一律收留，有行为问题的就进行矫正，再联络合作的救援团体帮忙给狗狗找一户好人家。

当罗丝玛丽第一次看到我捧着一箱小狗进来的时候，它从内到外都活了起来，从那一刻起，它跟那群小狗就再也分在《迷途的狗：迈克尔·维克的狗以及它们的救赎传奇》（*The Lost Dogs: Michael Vick's Dogs and Their Tale of Rescue and Redemption*）一书中，作者吉姆·戈朗记叙了这些受害犬的解救过程以及它们的救赎故事：经过专家团队的行为鉴定，在49只获救的狗当中，有16只可以直接送到寄养家庭等待领养；有两只适合当警犬；有30只被安排住进一家庇护所，这些狗的安全性被认为没有达到领养要求，它们可以在庇护所舒适的环境中得到悉心照顾，度过余生；只有一只狗必须实施安乐死——那是一只硬被训练到攻击性已达到疯狂地步的母狗。

八年过去了，每一位领养斗犬的主人仍然惊叹不已，这些狗已经完全走出了过去的阴霾，它们源源不绝的爱的能力，是如此的独特。这个案例是绝佳的示范，充分显示出狗总是愿意原谅的宽大胸怀。

不开了。有时候，小狗小到必须用滴管喂奶，等我们一喂完，罗丝玛丽就会过来舔小狗；如果小狗晚上需要依偎在妈妈怀里睡觉，罗丝玛丽也会献上自己满是伤疤的身体，给小狗带来温暖和安全感。

每当有怀孕的母狗或是失去妈妈的小狗短暂加入我们的狗群，罗丝玛丽都会成为它们正式的保姆，它的温柔和深情仿佛永远都用不完，而且它还是最佳的训导老师。小狗很需要从妈妈身上学习有关界线和限制的知识，这也是它们学习社交技巧的方式。从繁殖场买来的狗往往有行为问题，原因就在这里，繁殖场的母狗被当作生殖机器，尽其一生都生活在高压和受虐之中，根本不可能好好养育小狗，它们生下来的小狗也就无法学会如何好好当一只狗。罗丝玛丽总是尽忠职守，确保所有在狗狗心理中心待过的小狗离开时，在犬类社交礼仪上都达到了博士班的水准！

罗丝玛丽温柔慈爱的特质，以及它能够放下过去、彻底原谅的胸怀，让所有与它接触过甚至只是听到它故事的人，都深深受到鼓舞。

“大力水手”

大力水手差不多和罗丝玛丽同时期加入我的狗群，它是一只肌肉发达的纯种红鼻比特犬，同样也是斗狗产业的受害者。它被斗狗业主遗弃后，在街头被志愿者捡到，当时它刚刚在一场打斗中失去了一只眼睛，眼窝的伤口愈合之后，它的样子变得有点儿像一个放荡不羁的海盗。因为只剩下一只眼，大力水手需要时间来适应自己视觉上的变化。而在调适期间，它变得很多疑，并且会用攻击其他狗狗的行为掩饰自己的脆弱。后来它的攻击性开始扩大到人类身上，救援它的志愿者不得不带着它来找我。

与罗丝玛丽不同，大力水手是专门养来打斗的狗，因此它天性中属于支配性、侵略性的那一面曾受到前饲主的激发。它刚来到我们中心的时候，是个精神高度紧张、控制欲极强的家伙，狗老大的本能十足，力气又大，当它感觉受到威胁时，就有可能变得很危险（而在它刚来的时候，它几乎一直处于这种状态）。我刚开始矫正它的时候，必须时时高度警惕，免得不知道什么原因触发它的不安全感，让它发动攻击。所幸和罗丝玛丽的情形一样，狗群中放松、友善、秩序井然的环境，再加上和尊重它、想帮助它康复的人类不断接触，让大力水手最终逐渐平静下来。大约六个月之后，它已经完全融入了狗狗心理中心的新生活，再也没有对人类表现出攻击性。

> 狗向我们展现了无可限量的宽恕能力，我认为这种能力和活在当下有关——狗从来不把什么事情放在心上，这是值得我们学习的重要功课。
>
> ——安德鲁·韦尔（Andrew Weil）

你的故事并不代表你

罗丝玛丽和大力水手成了狗狗心理中心很有代表性的狗，经常在早期的《报告狗班长》（*Dog Whisperer with Cesar Millan*）节目中客串演出，这是因为生理上的缺陷使它们在狗群中显得特别突出。大家看到罗丝玛丽的伤疤和大力水手的眼睛，都会问：“啊，它们发生了什么事？”尽管每个人

大力水手鼓舞了狗狗心理中心的每一个人——它终究克服了创伤，重拾对人类的信任

都好奇得不得了，我对于一遍又一遍讲述它们不幸的故事，却感到很不自在。

因为狗狗让我们学会宽恕，而这其中最重要的一个教训就是：你的故事并不代表你。狗狗不像我们那样沉迷于过去。回忆或许很珍贵，但对于发生在我们生活中的一些过往，如果我们选择忘记会过得更好，而不断在脑海中重放这些过往会让我们无法真正享受当下，或者无法继续前行的话，那我们就应该深深吸一口气，想想罗丝玛丽和大力水手这些狗狗的榜样，并向它们看齐。

我有许多客户都太过沉溺于爱犬的过去——事实上远远超过对爱犬本身的关注，尤其是领养了被救援的狗或是曾遭受虐待的狗的人。他们常常充满想象力，编造狗狗被他们领养之前可能经历的遭遇：“它一定常常被踹，所以它很怕靴子。”“它就是不肯进厢型车，我觉得它可能曾经被人从厢型车里丢出来过！”尽管有些疏于照顾，受虐的故事是真的，但主人如果这样不断地制造负面能量，只会在不经意间妨碍狗狗走出过去的创伤。

活在当下

罗丝玛丽在遭受了人们所能想象得到的最令人惊骇的残忍虐待后，依然能够放下过去向前走，原谅了曾经伤害它的人类。大力水手从小就养成了仇恨周围和攻击的习性，它花了比较长的时间来调整自己，但最终也接受了全新的生活方式。这是因为只要给狗狗机会，它们一定会趋向安稳，趋向平衡。狗狗不想带着心理上的残疾度过自己的一生，也不愿意抓着早已成为过眼云烟的往事不放。狗狗生来就是活在当下的，它们也喜欢这样做。

在我的经验之中，狗狗的不稳定都是人类造成的，是人类妨碍了狗狗成为最好的自己。这很不公平，也很不应该——这个问题已成为我最大的动力之一，促使我不懈地教导、传播这样的理念：学会放下，如果你没有办法为自己放下往事，也请你为了你的狗狗而放下。

紧紧抓住伤痛

你可以想象，如果有一个人经历了罗丝玛丽那样的创伤，他会有什么样的反应吗？这个世界上同样遭到虐待、遗弃、不公和暴力的人类受害者不计其数，大多数人都需要好几年的时间平复、挣扎和治疗，才能够把往事留在过去，而有许多受害者到最后还是无法抛开过去继续往前走，伤痛始终啃噬着他们的心灵。其中一部分原因是人类拥有强大、情感丰富、像电影一般鲜活的记忆，这既是福气，也是诅咒。但也有很多人渐渐把痛苦当成了安全屏障，认定自己是受害者的身份，紧紧抓住过去的创伤不放，即使有机会也不愿意从过往的创伤中走出来。那么，万一生命遭受难以承受的变故，我们可以从狗狗的身上学到什么呢？

狗狗如何原谅

- 狗狗无法对生命中的事件赋予抽象意义，它们只对那些与经历相关的事情产生联想。

- 只要有机会，狗狗就能对过去的事件形成新的、正面的联想。

- 狗狗无时无刻不在体验，这种天性使它们全然活在当下。

- 狗狗之所以有办法放下，不让过去的创伤成为羁绊，是因为它们随时生活在一种“唯一要紧的就是现在”的状态之中。

我每天的生活几乎都是和一群狗在一起，所以它们对我影响至深。不管我是在圣克拉里塔的山丘上和狗群一起跑步，在马利布的海滩和它们玩丢球游戏，还是和客户一起帮助有问题的狗狗重新找到平衡，我大部分时间都能够活在当下，就像所有狗狗一样，这真是我的福气。

不过话说回来，我只是一介凡夫，就像很多人一样，尽管我努力去释怀，有时还是会心怀怨恨，忘不了过去的创伤，放不下过往。我们中间那些能够完全放下过去的伤害、损失和背叛的人，都是最有智慧的人，在达到那样崇高的精神境界之前，势必要下很多苦功夫，这是我钦佩他们的地方，也是我努力追求的境界——但我是在吃足了苦头之后，才体会到宽恕是一段旅程，而这一路上会有很多意想不到的绊脚石。

> 我的狗原谅……我的愤怒、我的傲慢、我的残忍，在我有办法原谅自己以前，它们早已原谅了我的一切。
>
> ——纪·德拉瓦德内（Guy de la Valdéne），
> 《为了一把羽毛》（*For a Handful of Feathers*）

掉进黑洞

经过多年的奋斗，我非常幸运：我到美国来追寻的梦想忽然间超乎想象地成真了。而一路走来，这个梦想已经渐渐转化、演变成为一项新的使命，这项使命不但和我的天赋有关，还和我在丘拉维斯塔宠物美容沙龙第一次遇到黛西后，对美国的狗狗以及自己产生的许多新认识有关。我已经不再想成为“全世界最好的训犬师”，我现在的工作更像是在训练人。在矫正有行为问题的狗狗的过程当中，我认识到，让狗狗主人学会如何看懂狗狗的行为，从而理解狗狗想要表达的信息，才是帮助人和狗享有更美好生活的关键。

2004 年，我的第一档电视节目《报告狗班长》在国家地理频道首播；2006 年，我出版了第一本书《西萨的待犬之道》（*Cesar's Way*）。《报告狗班长》一共播出了九季，《西萨的待犬之道》也成为全球畅销书。

经历了许多的自我成长和身心疗愈，我终于克服了自己的忧郁，我要感谢在这个过程中我的狗群一直在身边陪伴我

有时候，回首那几年，我想到的是像电影《绿野仙踪》（*The Wizard of Oz*）里的那一阵龙卷风，里面翻腾着的是许许多多神奇的事情：兴奋地让妻子和两个孩子从洛杉矶租的小房子，搬到位于圣克拉里塔的又大又漂亮的新家；我的电视节目受到艾美奖和美国人民选择奖（People's Choice Awards）的肯定；看着我的书登上《纽约时报》畅销排行榜；到世界各地向成千上万的粉丝演讲。

然而，同样在龙卷风里面翻腾的还有既黑暗又危险的元素：越来越大的工作量影响了宝贵的家庭时间；不断出差使我不能经常待在孩子们身边；自己的事业有时候却无法完全自己作主，令我沮丧；我和妻子努力适应仿佛一夕之间改变的生活，在充满刺激而又波涛汹涌的日子里不时地争吵。

那些年就这样一晃而过。然后，在 2010 年 4 月的时候，我妻子告诉我她要和我离婚，我彻底惊呆了。接到妻子这个电话的那一刻，我正在爱尔兰出外景，正准备上台表演。那一刻我感觉好脆弱，加上睡眠不足，工作上又有许多事让我压力大到几乎要爆炸了，而我在接到电话之后没多久就要上台——具有讽刺意味的是，那是我这辈子表现得最棒的一次现场演出，我胸中满溢着真挚的感情、真实的脆弱，这种感觉之前不曾有过，那之后也不曾再有。

演出结束后，我走下舞台，痛苦的感觉开始慢慢吞噬我。怒火在心中燃烧，我感觉自己被背叛了。我知道自己远非完美，但我感觉我一直都在努力。事实上，在妻子打电话和我

狗科学档案

宽恕有益健康

大力水手和罗丝玛丽的宽恕行为是有道理的：事实证明，“宽恕”已不仅仅是宗教领袖和精神导师所倡导的美德，经过数十年严格的医学研究，它已经正式被医生认可为有益于人们终身健康的良方。最近的研究发现，原谅那些误解我们的人可以降低血压、增强免疫力、改善睡眠并延长寿命。[7] 那些懂得如何放下怨恨、不计前嫌的人，往往更健康、更长寿，对生活的满意度更高，他们感受到抑郁、焦虑、压力、愤怒以及敌意的时间也要少得多。

相反的，执着于心中怨念的人则比较容易经历严重的抑郁和创伤后应激障碍，他们更容易生病——尤其是心脏病，并且生病后需要的康复时间也更长，往往还伴有其他健康问题。

说她要离开我之前，我一直很兴奋地等着她带卡尔文和安德烈一起到欧洲来和我会合，那时候两个孩子都还没出过国。

好几个月以来，期待着全家一起在一个令人兴奋的、十年前的我想都不敢想的陌生地方旅行，是支撑我的最大动力，使我有能力去面对累死人的工作量，这个泡沫破灭以后，我几乎要崩溃了。

在妻子投下“炸弹”之后，我还有很多天的录影要完成，不但每天工作14个小时，还要在英国各地进行大型巡回演出。我不知道自己是怎么撑过来的，竟然没有倒下，我那时一定是像行尸走肉一般，感觉都麻木了，因为那段时间的很多细节我都想不起来了，我就是一心等着行程赶快结束。

当我终于回到加州的家，我感觉自己被完全掏空了——精神上、身体上、情感上、灵魂上都是。没过多久，我发现我们家的财务出了状况，照理说，这个时候我们在经济上应该很宽裕才对。原来我这些年的合作伙伴并没有顾及我的利益，我发现自己一手创办的公司我不但没有主控权，连我的电视节目也都不属于我。我这辈子从来不曾感觉如此孤单。

事过境迁之后，我明白了我那时所感受的忧郁是一个黑洞，当你在里面待久了，就再也看不见光，你真的会觉得走不出来。

我前后花了六年的时间和极大的努力——包括重新建立我的公司、第一次完全掌管自己的事业——才从那个黑洞千辛万苦地爬了出来。我很感谢我的家人、同事和朋友，当然还有我的粉丝，他们是在背后支撑我挺过来的力量。

现在回首往事，我感觉伤痛已经把我磨炼得更有智慧，更坚强，也更富有同情心。过去我可能无法理解一些受苦的人，现在却能够深深地、发自内心地产生同理心，因为我自己也曾经去到那样一个黑暗的地方，而很多没那么幸运的人从此就再也没有回来。有人说，上帝让我们遭遇的苦难绝不会超过我们所能承受的范围——这么看来，我想上帝一定认为我比我自以为的还要坚强许多。感谢上帝，还好他是对的。

痛苦并没有抓住你，是你抓住痛苦不放。

——奥修（Osho）

宽恕之旅

我真希望当年的自己有办法像罗丝玛丽和大力水手，以及这些年来我帮助过的其他受虐的狗狗一样，原谅得这么彻底、这么干净。狗狗能够忘掉可怕的受虐经历，对造成它们痛苦的人类，仍然愿意付出无条件的爱，我对这种能力一直非常佩服。很多狗狗遭受到的残忍对待，比我这辈子所经历过的任何伤害都要严重得多，但它们还是有办法重新站起来，我每天都勉励自己要更像这些狗狗一点儿。

要踏上宽恕的旅程，第一步就是用另一个人的视角去看事情。这一点对狗狗来说完全不是问题，因为它们永远都是“群体排第一，个体放最后”，它们看待事情的角度，就是先考虑什么对狗群最有利。至于人类，要有那样的同理心可就要困难得多了。

仔细回想我的第一段婚姻，我现在已经能够接受我和前妻从一开始就是在推着石头上山的事实。诚如我一向强调的：“能量是怎样就是怎样。”而我和前妻从第一天起就有能量的问题，我们俩都尽了全力，但事实上我们并不适合彼此。

在那段经历中，最糟糕的部分是，有很长一段时间，我的两个儿子都不和我说话。我对离婚一点儿经验也没有，甚至连决绝一点儿的分手都不曾有过，我没有预料到人会因为感到有压力而选边站——甚至连自己的亲骨肉也不例外。

随着《报告狗班长》节目的成功，我的工作时间变得很长，又经常需要到外地去拍摄，因此我错过了两个儿子生命中很多的第一次。他们第一次上台表演舞蹈我没有看到，安德烈第一次在足球赛中射门得分我也没有看到，还有每天的晚餐时间、儿子遇到问题需要指引的时候我都不在他们身边。在我缺席的时候，两个儿子变得和妈妈更亲近。当前妻告诉我她要离婚时，我心急如焚地想要从欧洲赶回家，想要努力挽救我的婚姻和家庭，但我无法做到，因为我有合约在身，必须完成整个巡回演出才能回去。于是两个儿子没有机会听到我的说法，或是从我的角度看待整个事情，等到他们有这个机会已经是很久以后的事情了。我想，我会变成他们心目中的“坏人”，也是很自然的事吧。

我并不是要说我在第一次婚姻中一点儿错都没有，我确实太专注于赚钱养家，让家人过更好的生活，以至于错过了孩子成长过程中的许多重要时刻。他们对我很生气，我想他们一定相信，如果我这个当爸爸的称职点儿——多陪他们点儿，多放点儿心思在他们母子身上——我和前妻就不会闹到离婚的地步。没有任何孩子愿意看到父母分开。

而在当时，我只觉得自己被原以为在乎我的人抛弃了。

两个儿子是我活下去的最大动力，而我却失去了他们的爱与支持，这种感觉让我伤心透了。

如今，情况已经和当年完全不一样了，我和两个儿子变得前所未有的亲近，我已经能够放下那段彼此心存芥蒂的黑暗日子。安德烈和卡尔文现在都长大了，更能看清楚当年的状况，在妈妈的观点之外，也开始理解我的观点，对于这段婚姻为什么会结束，已经能用比较成熟的角度去看待，他们已经原谅了父母的不完美。

由于安德烈和卡尔文目前也在做和狗狗有关的事情，同时也各自参与电视节目的拍摄，他们终于发现原来老爸还是有一些宝贵的东西可以教他们的。在他们小的时候，我自己的生活过得一团糟，没有时间陪他们，我很庆幸现在我跟他们相处的时间比以前要多得多。

如今，和我的未婚妻贾希拉在一起，我终于体会到真正彼此平等、相互扶持的关系是什么感觉。当我再回头看第一段婚姻时，已经不再有那么多的情绪，也更能看清我和前妻两人的不快乐。我已经能够同时从两个人的角度看问题，把过去的不愉快都放下。

在我人生的后视镜里，仍然有一些痛苦的过往是我还放不下的，不过，每当我有机会看着一只狗把过去的创伤都抛开，并因为选择了宽恕而获得它想要的平静与安稳时，我就觉得自己很幸运，也很受鼓舞。罗丝玛丽、大力水手以及其他有类似遭遇的狗狗给我的教诲，正激励着我在生活的每一个方面，每天都一步步地更加接近平静与宽恕的境界。

狗学堂　第五节

如何拥抱宽恕

- 尽量用狗狗的方式看待过往的伤痛：和眼前的快乐相比，那都是些黯淡失色、微不足道的过去。

- 永远记得，怀抱怨恨就像自己喝下毒药，然后期待对方会毒发身亡。怨恨伤到的只是怀抱怨恨的人，但你随时可以选择宽恕。

- 尽量以同理心看待那些对不起你的人。从他们的角度看事情，或许你就能明白他们为什么会那样做。

- 宽恕是你送给自己的礼物，不要期待别人会向你道歉或补偿你，这种事可能永远也不会发生。但你可以自己决定释放掉生活中所有的负能量。

- 享受眼前每一个当下，细细品味每一刻的光辉灿烂，把狗狗当作楷模——狗狗真的很懂得如何好好活在每一个醒着的当下。

第六课

智慧

人生的目的不在于获得幸福，而在于做一个有用、高尚、慈悲的人，让世界因你而不同，这才叫活过，且活得有价值。

——利奥·罗斯滕（Leo Rosten），
美国幽默作家

每个人一生中都会遇到一些让我们变得更好的人，可能是激励我们爱上学习的老师，可能是在艰难的青春期给予我们指引的父母，也有可能是运动场上帮助我们建立起自信的教练，我们把这些贵人称为偶像、英雄或楷模。但不论怎么称呼，这些人在我们的内心以及记忆深处，始终占有一个特别的位置，因为他们的塑造，我们才得以成为自己心目中想要变成的那个人。

对我来说，那个特别的贵人就是“老爹”——当了我16年得力助手的红鼻比特犬。它就像个温和的小巨人，总是跟在我身边，在我开始有自己的电视节目之前，就已经陪着我一起辅导不稳定的狗。大家都说老爹是我的帮手，也有人说它是我的跟班，但无论哪一种说法，都无法真正说明老爹的价值。若要说到擅长理解有问题的狗，老爹才是真真正正的“狗班长”，它是正牌货，而我只是它的学徒。

老爹不但总是能对别的狗感同身受并给予帮助，而且对所有跟它接触过的人类也都是如此，这种品质在它之前我从未见过，在它之后也不曾遇到。它是我心目中的英雄，因为就算在它已经走了快七年后的今天，我在情感上和精神上仍然持续受到它的影响。老爹为我定下了做人的最高标准，要我像它一样仁慈、平和、宽容、有道德良心。

老爹远不只是一只懂规矩、听话的狗，它也不仅仅只是聪明、温和。你可能觉得我夸大其词了，但是对于我以及任何曾经和老爹长时间相处的人来说，它真的是一位心灵导师，仿佛历史上最启发人心的领袖的所有伟大特质，全部打包装载到这只漂亮的狗身上。我不知道为什么，但总觉得这只粗壮的小比特犬仿佛生来就已经拥有了世间的各种智慧。

老爹让我看到超越语言的爱与忠诚在此生中是有可能实现的；此外，它也指引我立下远大的人生新目标——获得真正的智慧。

智慧超越知识

智慧是一个意义很广的词，可以有多种不同的解释。老爹教给我的智慧，远远超越了一般所谓的聪明才智或知识渊博。事实上，和许多人理解的正好相反，聪明和有智慧根本不是一回事。

聪明的人知道的事实、掌握的资讯很多，聪明是“理智自我”的一种功能。但真正有智慧的人——不论学问渊博与否——仰赖的是来自本能和生命体验的更为深刻的知识。根据字典的解释，“智慧”的定义包括“分析和判断的能力，能洞察真相或判断适当与否”——就是这种分析和判断的能力，足以让一切全然改观。

而老爹的特质与这个定义完全相符。

智慧由很多不同的部分组成，我认为其中包含了与生俱来的本性、个人品质、习惯，以及从生命经验中获得的教训。智慧可能包括知识和学问，但它们不是必要条件。要获得智慧，真正必要的是生命经验，以及更重要的，不管这些经验是好是坏，都能够从中学习。任何追求智慧的旅程，都是始于当一个人能够把挫折和苦难化为生命的教诲，并从中升华的那一刻。

和老爹相遇

老爹是知名饶舌歌手、DJ、音乐制作人及影视演员“红人”

（Redman，本名雷金纳德·雷吉·诺布尔）的狗。红人请我帮他训练一只从育犬师那里领养回来的四个月大的小狗。（原本红人给小狗取名为“洛杉矶老爹”，我把它缩短为老爹，从此大家都跟着这么叫了。）那是1995年初的一天，他邀请我到他位于洛杉矶中南部的仓库兼总部见面。

我非常清楚地记得那一天，我们来到红人拍摄MV的摄影棚，现场一片混乱：摄影人员移动着巨大的器材，舞台人员搬动道具，几个助理导演吆喝着指挥调度，伴唱和伴舞人员在各个角落排练。而就在红人的椅脚边，坐着一团结实的橘红色肉球，那是一只大约9千克重的比特犬，它长着一颗与身材相比显得有些硕大的头，耳朵上的毛看上去刚刚修剪过。

老爹在一片嘈杂混乱中仍能保持泰然处之的沉着能量，让我印象深刻，但与此同时我也感觉到它的一点点迟疑和轻微的不安全感。狗狗具备这种特质可能是福，也可能是祸。适当的谨慎能让狗狗避免危险，保持平静，与其他动物或人互动时态度恭敬，但过度的不安全感会让狗变得容易害怕而导致能量低落——或者更糟糕，因为害怕而发展出攻击性。

世界上尽心尽责的狗主人数不胜数，红人就是一个很好的例子，他既聪明又细心，为了社会和他的狗狗，他决心要当一个负责任的主人。他看到过一些朋友和同事的比特犬因为社交能力差，做出了一些恶劣的行为，甚至害主人被告上法庭，他不希望这种事情发生在他或家人身上，当然也不希望发生在老爹身上。

红人希望自己养的狗狗永远不会伤害任何人，服从性高，没有攻击性，可以带着到处走，而不用担心狗狗会闯祸导致自己被告上法庭。红人的经理人也起了些作用，不断地唠叨说万一老爹咬了人，他可是有法律责任的。

红人从一开始就很爱老爹，但那时他的演艺事业才刚刚起步，即将展开一系列漫长而累人的巡回演唱会。他希望他不在的时候，老爹可以跟着我接受密集的训练。

我和红人握完手，给了他我的电话号码，一转身，正好看到老爹正用它那双冷静的绿眼睛锐利地注视着我，我感到一阵寒颤，仿佛我已经和它认识了一辈子。我只说了一声“走吧，老爹”，它就平静地跟着我走出门口，踏上我们一起共度的漫长旅程。

对于我和老爹来说，那是一段令人不可思议的旅程的开始。我相信老天让我们相遇，一定是有原因的，而我们之间发展出的友谊和灵魂上的亲密联系，我将在有生之年铭记于心。

老师变成学生

老爹当时四个月大，正是开始塑造幼小心灵的理想年龄。但毫无疑问，老爹天生拥有的特质，绝不是任何人有办法训练出来的，它天生就是一个充满好奇心、热衷学习、接受能力又强的学生。它只有一个潜藏的弱点：对自己没有把握，有时候会过于小心。在训练老爹的过程中，我慢慢帮它建立起了自信心，方法就是不断地让它面对新的状况和挑战。我们一起去了很多地方——海边、山上、拥挤的路边集市，有时候只有我和它两个，有时候是和整个狗群一起。我带着它完成了各种各样的训练，从最简单的服从练习，到护卫犬训练，再到分辨某种特殊气味的游戏。每完成一项新的挑战，老爹就更能够克服它原本的恐惧。

回想我自己的经历，每次我勉强自己的时候——也就是不管内心有多害怕，都要勇敢地踏出舒适圈的时候——通常也是我真正成长的时候。几个星期过后，老爹身上也反映出这样的成长，它变得更加独立，更加自信，而我们之间的关系也越来越紧密。

狗在九、十个月大的时候会正式结束幼年期，进入叛逆的青春期，一直要持续到两岁左右。当我帮老爹从它幼稚的不安全感中走出来之后，它经历了一段短暂的自负期，对其他狗的挑衅不肯让步。有几次老爹和我的几只罗威纳犬发生了小冲突，因为那些罗威纳犬想要测试它的能耐。我向老爹展示，正确的做法是调头走开——臣服于当前的形势，控制好自己的自尊心。

虽然一开始是我教会了老爹避免冲突的基本原则，但它把学到的教诲提升到了一个全新的水平。没过多久，我就感觉自己更像是学生，而它才是老师。

老爹到了两岁的时候，就算别的狗故意找碴儿，它也能保持冷静、沉着和超然；遇到冲突时，它会站稳立场，或者

老爹是我的精神楷模——它充满智慧，又谦逊无比，它是我生命中安定的力量，它才是真正的“狗班长”

对挑衅者不予理会，调头走开。它就像高中班上的酷小子，对其他同学鸡毛蒜皮的争执不屑一顾。尽管才两岁，但老爹似乎就已经本能地知道如何化解紧张的局面，懂得只要退一步，就能把剑拔弩张的气氛消弭于无形。

记得有一天，一只新来的狗加入了狗狗心理中心的狗群，那只狗硬是要和老爹对峙，只见老爹淡然地走开，仿佛那只找麻烦的狗根本就不存在一样。那一刻，我有了一种顿悟的感觉，我完全明白了屈服所蕴含的更深层含义。

屈服往往不只是最实用的选择，也是最值得赞赏的选择。

名人与狗

惠特妮·卡明斯（Whitney Cummings）

集演员、“栋笃笑”（stand-up comedy）表演者、编剧及制作人身份于一身的惠特妮·卡明斯，从自己曲折的一生中学到了很多教诲，而许多重要的领悟，她认为要归功于狗狗给她带来的智慧，特别是她自己救回来的比特犬雷蒙娜。“比特犬能让你学会识人，”她说，“看一个人对比特犬的反应，你就能知道这个人的很多方面。而且有比特犬在一旁，你就好像带了一台犬类测谎仪在身边。”

惠特妮认为雷蒙娜真的曾经提醒她与某些人保持距离，如果当初和这些人在一起，大概不会有什么好下场。“她就像我的镜子，”惠特妮说，“当我和不适合的对象在一起的时候，她会不停地叫，或是显得很焦虑。”惠特妮还说雷蒙娜的眼光总是很准：“对方有没有说谎，或者是否是个坏家伙，她都一清二楚。”

“我们一直以为‘人很聪明，狗很笨’，其实这是完全错误的，”她继续说道，“狗对于周遭正在发生什么事要比我们上心多了，直觉也比我们准很多。人年纪越大就越容易变得不屑一顾，以为只有从比我们厉害的人身上才能学到东西，其实这是不正确的。你永远预料不到今天谁会让你多明白一些道理：有可能是一个婴儿，一只大黄蜂，或是一只狗。”

当你选择了屈服，你不但避免了冲突，你本性中更好的那一面也会彰显出来，你自然而然就会变得更有力量，因为你已经不再受别人或者逆境的操纵或控制。反过来说，如果你为了自尊而去争论、决斗，或者傲慢地抵抗当前的形势，你真正的自我将无法展现出来，而你最终只会把自己的主控权拱手让与别人。

虽然老爹外表看起来很强悍，但它从来没有主动挑起过任何争端，反而总是和和气气的，既温柔又富有耐心。它有一种很纯粹的特质，由内而外散发着高尚的气质。它是纯真和永恒智慧的结合体，只经过短短一年的相处，我就已经知道跟在我身边的是一个非凡的灵魂。

老爹幼年时期的不安全感，很快就转变为自尊自重的态度，不必等到完全成年，它就已经渐渐成为那只几乎让全世界和我一样钟爱和欣赏的狗狗了。

成为狗群的一员

刚开始的时候，红人只是请我训练老爹，并让它在我这里寄宿几个月。但很快，几个月变成了几年，因为20世纪90年代正是红人的演艺事业如日中天的时候，他接连推出了三张专辑，并且都获得了金唱片奖。2000年以后，他又开始和歌手“方法人”（Method Man）合作，到处巡回演出，甚至还一起参演了一部电影。因此，红人在家的时间都不长，不过他和老爹之间真挚的情感却没有半点儿消退。每当红人回来小住几天的时候，我就会把老爹送到他那里，老爹一见到红人，尾巴就会用力摇个不停，摇得整个身体都在晃动。在红人开始忙下一场演唱会之前，老爹会留下来和他共度几天时光。

其他时间，老爹就是狗狗心理中心狗群的正式成员。老爹并不是一只强势的狗，但它总有办法在初次见面的时候就获得其他狗狗的尊重和爱戴，因为它总是那么温和，那么没有威胁性。

在老爹大约三岁的时候，我第一次发现它有一种“天赋”。每当中心有新加入的狗狗显得紧张害怕或焦虑不安时，老爹就会走到那只狗的身边，而那只狗马上就会放松下来；要是新来的狗摆出挑衅的姿态，让狗群骚动起来，有时候我还没来得及赶去制止，老爹就已经介入，让大家平定下来。它有一种与生俱来的能力，懂得应付各种局面，知道如何利用它的能量和肢体语言来表达善意，但同时也知道怎么点醒其他狗狗它们的行为已经越界，就好像它在用狗的语言对那些狗说：“冷静，没事。”于是，我开始观察老爹本能的反应和做法，利用它的行为来建构我的训犬方式。我发现在辅导问题比较严重的狗狗时，我的方法变得更有效了。

从狗语者到人语者

老爹不单单懂得狗，它还很神奇地能够理解人的性格，看穿人的内心。我对狗狗一向有很强的直觉，但我希望自己对同类也能拥有像老爹那样的同理心和洞察力。

通过观察老爹和人的互动，我学到的东西有可能比任何人类导师教我的还要多。我过去常常带着老爹和我一起参加商务会议，然后看它对屋子里每个人的反应。对于有些人，它会避开或者视而不见，而对于另外一些人，它会礼貌地靠近，用鼻子闻闻，然后翻身躺下，让人家摸摸它的肚子。有的时候，老爹的反应会促使我尽量避开或者全心接纳某个人或某种情境。不管你有什么意图，都不可能瞒得过老爹。

宽容、同理心、慷慨无私

智慧是一种多么珍贵而又令人向往的能力，而在我们相处的 16 年当中，老爹一点一滴地教我学会了拥有智慧的几类必要特质。

首先是宽容。老爹最先让我留意到的第一个特质，就是

我们的粉丝都很爱老爹，最喜欢看它在《报告狗班长》中和我一起辅导各种狗狗

它对体形或年纪比它小的狗非常有耐心，甚至在老爹青春期的那段时间也是如此。那些年，狗狗心理中心有两只纤小的意大利灵猩——利塔和雷克斯——和我们住在一起。这两只形影不离、精力充沛的小淘气很喜欢爬到老爹身上，时常蜷伏在它身上睡觉，而老爹一次也没有抱怨过。

老爹也让我认识到同理心是智慧的重要基石。在当今社会，许多人陷于无止境的竞争中，为了生活，为了照顾家人而不懈努力，经常忽略了在我们周围还有许多不幸和苦难。

老爹还很小的时候，就已经对情绪有十分敏锐的观察力，对处于痛苦中的人或狗显得特别关心。需要辅导的新成员加入狗群时，它经常是最早上前欢迎的狗狗之一，而且它会本能地接近那些最需要它支持的狗狗。如果有哪只狗感觉受到狗群排挤，老爹就会扮演接待委员和非正式东道主的角色；如果狗群里有哪个成员身体不舒服，它会静静地在一旁陪伴。

老爹对人的同理心也一样强烈。假如我的家人或员工中有人过得很不顺利，或者正伤心难过，它马上就能察觉出来。这时它会走过去，结实的身躯扑倒在他们脚边，然后四脚朝天，邀请他们给自己来一次有益健康的摸肚子运动。如果老爹走进一个房间，感觉到里面有人心情低落，它会径直走向那个人，用鼻子磨蹭或舔那个人的脸，或者友善地猛摇尾巴表示支持。我的朋友和同事之中凡是有幸认识老爹的，直到今天都还会提起，只要老爹在身边，就足以令人感到安慰、舒服，只要有机会与老爹接触，你不可能不带着振奋和受到鼓舞的心情离开，就好像它天生就是一位疗愈者。

老爹也让我懂得了慷慨无私是智慧的另一项重要特质，它总是以充满温暖和善意的态度迎接每一个人和每一只动物。尽管它有办法精准地看穿性格和动机，但它从未因此而带着猜疑或敌意的眼光和任何人或动物接触。它的态度总是那么谦恭而谨慎，但心胸永远是开放的，如果它感觉到对方并不会为它（或它的狗群）的利益着想，它会若无其事地敬而远之。

当然，对于它真正关心的对象，老爹可是什么都愿意做，它就是一个十足的奉献者。每天早上，它都会以送礼物的方

狗科学档案

科学证实狗确实有同理心

直到最近，行为科学家才开始研究人类的同理心和互助行为（过去长久以来，科学界一直认为侵略性和竞争性更为重要）。由于相互良好的协作已经渐渐变成一个文明（或物种）成功的标志之一，现在研究人员也开始对狗是否有同理心这个问题产生兴趣。

而研究结果证实，狗的同理心（尤其是对人类的）在演化上具有很大的优势，这个观点在最近许多科学研究中都找到了证据。英国皇家学会的《生物学报》上有一篇分析报告[8]，就综合分析了 2011 年针对狗和同理心所做的数项实验，在这篇报告中确立了以下观点：

·当主人有压力时，狗狗也会有反应，它们被激起负面情绪的概率会提高。

·人打哈欠时，狗狗会被“传染”。（研究证明会被“传染”打哈欠的人同理心较强。）

·当熟悉的人假装难受时，狗狗会表现出忧心的样子，这时狗狗正在表示“同情和关心”。

·即使是没有经过训练的狗狗，对人类的紧急状况也十分敏感，有时候甚至懂得去搬救兵，这说明它们能够以同理心看待事情。

这篇报告的作者强调，科学界应继续进行相关研究，以测量和理解狗狗对人类的同理心。毕竟，随着越来越多的狗狗通过各种不同的新型医疗方式帮助人类恢复健康，我们也有责任维护它们的情绪健康，就像维护我们自己的一样。

式让我或家人知道它醒了，礼物有可能是鞋子、T 恤衫或毛绒玩具，它会衔在嘴里走来走去，等待它送礼的对象发现。它会用深情款款的绿眼睛凝视着你，暗示你把它嘴上的玩具拿走，然后骄傲地摇着粗壮的尾巴走开，结束这晨起的送礼仪式。

真正的狗班长

我 2004 年开始主持《报告狗班长》节目时，老爹已经在我的狗群里待了差不多七年。我从一开始就决定带着它去辅导有问题的狗狗，结果它很快就红了起来，大受观众欢迎。在观众心目中，它应该可以算是媒体这么长时间以来所提供的所有比特犬中的最佳代表。

老爹与经常出现在报刊上的“邪恶”比特犬的形象有着天壤之别。凡是看过我节目的人很快就能看出来，它更像一位有智慧的贤者，或是什么都懂的巫师，任何棘手的情况它只要评估一番，就可以告诉别人应该怎么做。

就像一位真正的精神导师，老爹对于别人的软弱和愚蠢有用之不竭的耐心。它的内心没有一丝一毫的坏心眼，它从来没有咬过人，也没有咬过狗——甚至连轻咬都不曾有过。大多数狗狗在被逼到墙角无路可退时，通常为了自卫会以牙咬作为最后手段，不过说实话，我真的不认为老爹会有想要这么做的时候，它每一次都以令人平静的态度和自尊自重的威严，毫无例外地令紧张的情势缓和下来。

我总是说老爹是“比特犬中的亲善大使”，因为尽管它看起来很强悍，但不管到哪里去，和谁在一起，它都是那么和善、自在。假如我们家里发生了冲突，老爹会走进来，原本紧张的气氛不知怎么的就烟消云散了。如果我和别人第一次会面，不知道说什么好，老爹的肥头大耳再加上出人意料的温柔举止，就是打开话匣子的最佳话题。无论我遇到什么状况，私事也好，公事也好，老爹的适时出现总是会让事情开始好转。

老爹在《报告狗班长》中出现过很多集，它的专长是帮助我矫正那些最具攻击性的狗狗以及最胆小的狗狗。当我无法确定该如何着手矫正问题狗狗的时候，我常常会请老爹上场，观察它与问题狗狗如何互动。它从来没有和别的狗狗打起来过，也不曾吓跑过任何一只狗狗。它会沉着地评估情势，然后做出适当的反应，而它凭直觉所做出的反应，都会成为我矫正那只狗狗时的参考依据。不用说，老爹从没错过。

狗狗如何实践智慧

- 狗狗天生心胸宽大。因为狗狗活在当下，只受到当下经历的影响，所以总是能够如实看待并且看清每一次的经历。

- 狗狗天生具有同理心。通过嗅觉以及对能量敏锐的感知力，狗狗能立刻知晓另一只动物的感觉或痛苦——而且它们会本能地想要让那只动物恢复到平衡安定的状态。

- 狗狗天生就善于沟通。通过气味、能量和肢体语言，它们随时都在告诉彼此——还有我们，如果我们用心倾听的话——各种各样需要沟通的事情。

- 狗狗天生具有很强的观察力。狗狗的感官要比人类敏锐得多，对周遭环境的一切又很留意，所以它们随时都在处理人类因为过于以自我为中心而经常忽略的许多信息。

- 狗狗天生就有一颗真诚的心。对于自己所爱的人和动物，狗狗会无条件地付出，掏心掏肺并且宽大容忍，总是能够看到并欣赏对方最好的一面。

老爹患癌

在老爹大约十岁的时候，有一次它跟着我一起拜访我的兽医朋友凯瑟琳·唐宁医生，她那里有几只狗需要我帮忙。当时她一定是注意到了一些别人都没注意到的细节，发现老爹身上有什么不对劲，因为她告诉我应该带老爹回去做一次检查。一个星期之后，我们回到唐宁医生那里，她发现老爹的前列腺上有一块东西，切片检查过后，她把我叫到她的办公室，当面宣布了一个可怕的消息：老爹得了癌症。

我当下感到一团混乱，心中充满了无助。我一向把尽力照顾好我的每一只狗狗当作自己的责任，而老爹在我心目中的地位更是特别。当我打电话告诉红人这个消息时，他的反应也和我一样："为什么这种事情会发生在这么美好的一只狗身上？"

唐宁医生告诉我前列腺癌有治疗的方法，但不能保证一定有效，整个疗程下来至少要花费 15000 美元。当然，我毫不犹豫地马上就让老爹开始接受治疗。任何一位狗主人都会理解，对于你疼爱的宠物来说，再高的费用都值得。

我陪着老爹做了十次化疗，每次两个小时。幸好，它的身体对化疗适应得非常好，没有呕吐或晕眩的现象，只是可能比平常多睡一些而已。老爹的坚忍令我佩服得无话可说，它从来没有流露出一点点不舒服、痛苦或悲伤的样子，或许是它刻意把这些感受压抑下去，以免我难过。我觉得它好像在跟我说："别担心，该怎么样就会怎么样。"

我尽最大的努力以老爹为榜样，假装一切都很好，一切都会没事。它的病情我只和少数几个信得过的朋友和工作伙伴说过，因为我不希望大家用悲伤和怜悯的眼光去看天生乐观的老爹，这样只会把负面和软弱的能量投射到它身上。

在老爹接受最后一次手术，把睾丸切除之后，医生向我们宣布了一个好消息：它的癌症痊愈了！没多久，它又跟着我四处奔波拍摄《报告狗班长》节目了。信不信由你，在渡过这次难关之后，老爹显得更有智慧了。

正式领养老爹

在老爹和我相处的十几年当中，尽管它基本上全天和我生活在一起，但有许多年，它理论上还是属于红人的。由于

老爹（右三）是我在狗狗心理中心最依赖的助手，就算是最顽固的狗狗，它也有办法让它们融入狗群的大家庭中

红人觉得老爹是一只十全十美的狗（它确实是！），一直想要让老爹繁衍后代，因此他从来不让我给老爹结扎（如果让我做主的话一定会选择结扎，尤其这样老爹就不会受前列腺癌之苦了）。我们往往很容易忘记狗狗的岁月消逝得有多么快，当老爹经过癌症惊魂之后，我忽然间意识到，它和我已经一起生活了整整十年。

虽然红人十分疼爱老爹，最终他还是答应由我正式领养他的爱犬。那个时候，老爹已经和我分不开了，红人也知道这样对大家都好。我们一起去签署领养文件的时候，这位从小在新泽西州纽瓦克的穷街陋巷长大的饶舌硬汉，竟毫不难为情地哭了。他是真心爱老爹，而在老爹的有生之年，他也仍然不时地过来探望它。对于红人愿意把他的爱犬让给我的无私行为，我永远感恩于心。老爹是我们共同的孩子，它能跟着我一起生活，也让红人终于放下了心。这个例子再度证明老爹就是有这种能力，能够激发出它身边的人潜藏的智慧以及真挚无私的爱。红人和我有一样的感觉，他也觉得在和老爹相处的时候，他变得比较愿意为别人着想——即使把心爱的狗送走令他心如刀割，他也还是做了。有的时候，最困难的决定才是正确的决定。

“比特犬老爹是大明星，比我还要红。”2007 年，红人接受《影音俱乐部》（*A. V. Club*）网络杂志采访的时候这么说道：“它连《奥普拉脱口秀》都上过！假如跟着我，它就被埋没了。我牺牲了和我的宝贝一起生活的机会，然后它就红了！现在它可是个大明星啊，这也是一种福气。”[9]

> 当你有了一只狗，你也就同时继承了那只狗的过去，以及它身上所承载的世代以来的智慧。
>
> ——埃克哈特·托勒（Eckhart Tolle），作家

岁月与智慧

老爹的智慧随着它的年龄和经验的增长而不断增长。我记得在《报告狗报长》的最后几季，有一集我被请去帮助一只很特别的比利时玛利诺犬，那只狗的名字叫毒蛇，看到人就害怕。它是一只精英犬，专门训练来搜索监狱里暗藏的手机，甚至包括最细小的手机零件。在这项十分专业的任务上，它堪称有史以来最有天分的狗狗之一。

而在训练的过程中，不知怎么的毒蛇开始害怕起它搜索的牢房里那些令人惊恐的犯人来。这种恐惧最终变成了对所有人类的不信任，最后情况严重到它再也无法执行搜索任务，不是完全僵在那里，就是见到人就拔腿逃跑。毒蛇从出生到八个月大期间，每天晚上都睡在木箱子里，而此时它又倒退回到了幼年时期，只想蜷缩在一个安全的空间里，不想和外界有任何接触。

毒蛇的训练员心急如焚，想为这只珍贵的搜索犬寻求帮助，于是我带着老爹一起前去拜访。我们来到毒蛇所待的地

名人与狗

凯西·格里芬（Kathy Griffin）

喜剧演员凯西·格里芬在舞台下面最大的兴趣，就是救助狗狗——特别是很难找到领养家庭的上了年纪的狗。凯西认为自己之所以能够欣赏年长者的智慧和见地，是因为她和自己已94岁高龄却依然精神矍铄、机智风趣的母亲感情很好。

“我在舞台上常常会开玩笑说，90岁以下的人我都觉得很无聊，因为我从94岁的老母亲那里听到的故事简直太棒了！”她说，“这个94岁的老太太还敏锐得很，她会和你说她第一次认识同性恋者、第一次听说什么是公民权的经历。这可是一位经历过两次世界大战的长者，我觉得这比什么都有趣。”

“我真的觉得这是我更喜欢年老的狗的原因之一，”她接着说道，“我喜欢这些没人要的狗，因为老狗身上有一种小狗身上所没有的深情。我养过4只至少活了8年的狗，我看着它们慢慢变老，行为举止也变得不同，就像人一样，它们变得更加宽容，也更加温和。”

方，这是一座被设计成“模拟监狱”的建筑物，显然是专门用来训练像毒蛇这样在特殊环境中工作的狗狗的。我让老爹在外面的节目工作拖车屋里等候，我先到里面去评估形势。

我到了里面之后，发现毒蛇已经躲到了桌子底下，怎么引诱它都不出来。我试了食物，也试过让训练员哄它，但它就是不为所动。摄影师一直在录影，而我已经黔驴技穷。通常碰到这种令我一筹莫展的局面时，我都会去“请教”老爹，于是我打开拖车屋的门，而老爹一如既往地在里面耐心地等着。

此时老爹已经 15 岁了，视力不好，还有关节炎和膀胱的问题，但它完全不需要我告诉它怎么做，甚至连告诉它往哪里走都不需要。尽管老爹以前从没看过这个建筑一眼，它却一步一步穿过走廊，经过一间又一间的模拟牢房，来到毒蛇躲藏的房间里，然后一刻也没有迟疑，伏下年迈、隐隐作痛的身躯，钻到了桌子底下，然后开始用鼻子去碰毒蛇的鼻子。

就这样，毒蛇从桌子底下出来了，接下来老爹再通过和我的互动，让毒蛇知道我是它所信任的人类。老爹轻轻松松就完成了我和训练员都无法达成的任务。多亏了老爹，我才有办法开始辅导毒蛇，慢慢地重新建立它对人类的信任。几个星期之后，它已经能够重返工作岗位了。就这样用鼻子轻轻地触碰一下，老爹就改变了一只狗狗的生命。

那一天，《报告狗班长》的工作人员都对老爹佩服得无以复加，毒蛇的例子充分展现了老爹懂得运用它天生的智慧。

尊敬年长者

老爹在《报告狗班长》节目中一直工作到很老——相当于人类的105岁，我感觉很开心，因为从小的教育让我很尊敬长者。我爷爷同样在地球上活到105岁，他的大智慧受到社群里每一个人的尊崇，尤其我们家人更是尊敬他。周围的人对待口鼻已经斑白的老爹的态度，让我想起了这种感觉。每当大家看到老爹一跛一跛地走进房间里，不论是让屋子里的狗平静下来，还是向哪只狗示范不同的行为模式，它对其他狗的帮助，都让大家对于年老的狗所能做的贡献有了全新的想象。

事实上，和年长的狗一起生活，往往就等于有机会和世界上最敏锐、最有同理心、最博学的长者相处。我所辅导过的老狗主人几乎全都认为，他们的老狗很“懂事”，而且年纪愈大，愈能充当一个有情有义、深得人心的良伴。

我认为我们应该为老狗付出更多，因为它们能给我们的回馈是如此丰富，这么做也可以说是一种智慧。

我这辈子疼爱过的狗狗当中，有不少是我看着它们渐渐老去，但没有一只和我的亲密程度能比得上老爹。到了老爹生命的最后阶段，我们彼此都懂得对方的感受和想法；我们之间靠“感觉”互动，毫不费力，一切都是那么和谐，这是我这辈子体验过的最深刻的一种感情。

我爱老爹是毋庸置疑的。那么，老爹爱我吗？

我一点儿也不怀疑。

获得老狗敬爱的人是有福气的。

——悉妮·珍妮·苏厄德（Sydney Jeanne Seward）

智慧恒久不灭

老爹年纪越大，行为举止也变得越平和。有些狗老了之后身材会变小，而老爹则完全不是这样，随着年龄的增加，它的身材越来越有分量，也越来越有智慧。

在我们的制作办公室里，有一张桌子专门用来放世界各地的粉丝寄给老爹的信件和包裹——寄给它的东西比寄给我的还要多！成千上万的粉丝想要索取它的照片和掌印“签名”，信中附上了照片、亲手做的零食、手工小礼物，等等，其中最常见的是老爹的肖像：有素描、画像，甚至还有雕像。我们收到过的最有趣的东西，是其他狗狗在电视机前面观赏老爹的录像，有趣的是，只要老爹一出现在镜头前，那些狗狗就会显得很兴奋。不止一次有人告诉我们，他们的教会曾经为老爹做天主教弥撒，由此可见，全世界都知道老爹真的很特别。

老爹和我的狗群里其他那些优秀的狗究竟有什么不同呢？你猜对了，就是智慧。是智慧让老爹成为天生的领袖。有一次，我们在北卡罗来纳州录制节目，我和老爹受邀拜访一家退役军人医院，在海湾战争中受伤的军人都在那里接受治疗，其中有不少被截肢的伤者。我们走进一个房间，大家

狗科学档案

爱的化学作用

“我怎样才能知道我的狗狗是否真的爱我呢？”我的客户都喜欢问我这个问题，而我总是反问他们：“你怎么知道你真的爱某个人呢？”幸好，现在科学终于给了我们一些比较明确的答案。

对于群居动物来说，爱是一种十分重要的感情，而在狗身上，爱的化学成分和人类之间的爱一模一样。2015年，日本有一项研究证实了狗也会分泌催产素，这种情感激素使母亲和婴儿之间产生依恋之情，此外，人类发生性行为时也会分泌催产素。[10] 每当狗狗忠心耿耿地注视着主人的眼睛时，它们的大脑就会分泌大量的催产素，加深人狗之间的情感关联。当然，此时主人的大脑也会分泌催产素。

这就表明，从神经化学意义上讲，狗狗对主人的爱和母亲对婴儿的爱、丈夫对妻子的爱看起来是一模一样的，这也表明了我们对狗狗的爱有可能跟我们对配偶、对孩子的爱一样强烈。

不可否认，爱不只是化学成分的组成而已。但可以确定的是，狗狗的爱是十足的“真爱”。就如杜克大学动物认知专家布赖恩·黑尔博士所说：“当狗狗真的在看你的时候，它实际上是在用眼睛拥抱你。”

都感觉得出来那些军人十分尊敬老爹，而我也感受到了老爹对那些军人的敬重。

我相信在那些军人的心目中，老爹就是他们中的一分子：高大、强壮、高尚，完美的狗英雄典范。他们上前和老爹打招呼时，老爹就会兴奋得猛喘气，这些人类英雄对它表示出敬仰之情，我想它一定很自豪。在场的每一位军人都想要和它认识，与它合影。

至于我，我的体验就很不一样。这些军人为国家所作的牺牲令我感动，也令我悲伤。他们中有很多人失去了双腿，只能靠轮椅行动；有些人回到家乡发现朋友或亲人已经永别于世。我很想问问这些军人是怎么受伤的，我也很想帮他们的忙。我把悲伤和缺憾的感觉带进了房间里。

而老爹则完全不是这样。它才不管这些军人有什么样的过去，也不会注意到他们的身体少了什么，或是生活中有什么缺憾，它就只为了他们的出现、他们在它身旁而感到高兴。老爹一向只看心灵，对它来说，这些军人的心灵，就是英雄的心灵。

老爹感动了世界各地数百万的人，很可惜，我们在亚洲和欧洲的粉丝一直没有机会和它见面。我是在它过世以后，才开始经常到海外旅行的。现在我到海外旅行时，各地的粉丝依然会问我老爹的事情。他们会和我说他们最喜欢哪几集

节目，然后对老爹总是清楚地知道该如何帮助其他狗狗以及如何教导人类感到赞叹。老爹让它的粉丝懂得了应该如何好好生活。

当然，老爹最伟大的成就之一，就是它颠覆了比特犬凶狠好斗、杀戮成性的形象，让大家认识到比特犬其实可以成为平和、爱心满满的宠物。我的比特犬阿弟在老爹之后也继续传递着这样的信息。比特犬真是美丽、温柔、充满耐心又冰雪聪明的狗狗，我永远都会养一只在身边，好让世人明白这种狗狗过去一直受到无情人类的不公平对待。

> 它让我们懂得了什么是无条件的爱，怎么去爱、怎么被爱。有了这种爱，其他的一切也就水到渠成，没有什么大问题了。
>
> ——约翰·格罗根（John Grogan），《马利与我》

说再见的时间到了

老爹一向坚强，生命中的每一天它都是以欢欣鼓舞的态度去面对，然而不管你有多坚韧，岁月永远有办法把你打倒。虽然战胜癌症之后，老爹又度过了几年美好的时光，但15岁之后，衰老的征兆开始在它身上出现了。老爹一向积极参与各种活动：和狗群一起奔跑，在电视节目中当我的助手，在现场讲座的舞台上抢走我的光芒，这些事情原本对它来说是毫不费力的。但渐渐地，体力活动使它感到吃不消了，它还患上了关节炎，髋关节的功能也严重退化。然而老爹真的很坚韧，即使已经几乎全盲全聋，它仍然一如既往地保持着睿智而高贵的气质。

最后，它的身体情况已经严重到无法走路了，甚至开始失禁，令它最后一点儿尊严也失去了。我看着一向珍视生活品质的老爹大部分时间只能躺在自己的小床上睡觉，生活变得越来越没有品质，心里知道它的大限近了。

尽管每当有老爹喜欢的人来探望它，它都会开心地摇动尾巴，而且它一直表现得很平静自持，但兽医告诉我，老爹很可能在承受着身体的痛楚。虽然老爹很能忍痛，但我实在不忍心看它再受折磨。我坚信，当时候到了，狗需要我们帮助它离开时，它自然会让我们知道——我明白老爹正在告诉我，道别的时候到了。

作出让老爹安乐死这个痛心的决定当天，我给红人和贾达·萍克特·史密斯打了电话，告诉他们这个消息，他们马上赶到我们家和它道别。那段时间来道别的朋友和邻居不下百位，我们认识的每一个人都或多或少曾经被老爹感动过。

消息公开之后，连续好几个星期，我们都收到世界各地的粉丝送来的鲜花和礼物，连远从中国寄来的都有。家里堆满了各种各样的花篮、卡片，多到可以开一间花店，还有动物造型的填充玩具。

老爹的一生在 2010 年 2 月 19 日那天画下了句号，享年 16 岁。兽医来到我们家，屋子里充满安静、祥和的气氛，我们遵照墨西哥向快要死去的人致敬的习俗，在房间里点着微弱的烛光。一切就绪后，我们全家人围在老爹身边，一起为它祷告，兽医帮它注射了一针，我们还没祷告完，就看着世界上最棒的狗狗缓缓地进入了最后的梦乡。我把老爹抱在怀里，忍不住流下眼泪，前妻和孩子们也在一旁哭泣。

死亡对我来说一点儿也不陌生，在爷爷的农场里，我曾看着很多动物死去，其中有些动物还是我一手照顾长大的。在农场里，死亡被视为生命中再自然不过的事情。搬到马萨特兰之后，我目睹死人的距离之近，远远超过了一个小男孩应当看到的：早晨上学的路上，我经常遇到前一天夜里不知做了什么冒险的事情而倒在路边死去的人。

尽管如此，直到事情真正发生时，我才意识到自己一点儿也没准备好面对像老爹这样的亲人的死亡——我的心还没有准备好，但我知道自己不能太自私，直觉告诉我老爹的时间已经到了，我必须接受这个事实。

那天夜里，回想起我和老爹一起经历过的一切——在最早的狗狗心理中心的遮雨棚下工作，熬过经济拮据的日子，我的电视节目开拍，到全美各地出外景，对抗癌症。虽然我也很爱我其他的狗狗，但那一刻我知道，我不会再有另一个老爹了。

据说，人有时候能够感觉到临终的人灵魂离开躯体，但是当老爹死去时，我感受到的却是我的内心有某个部分已经永远离我而去了。

虽然老爹走了，但是它留给我们的精神财富却不会因此而消逝。从它去世后一直到今天，我仍然不断地收到各种各样向它致敬的独特礼物和纪念品。我全部收藏在家中挂着的巨幅老爹画像下面，这幅画是洛杉矶画家丹尼尔·马兹曼特地为我创作的。

很多观众之所以收看《报告狗班长》，是因为他们想看老爹如何处理紧张的局面。它给了无数不知该拿自己的狗狗怎么办的主人以希望。有了希望，我们才能坚强，是老爹让我变得坚强。

随着我到世界各地去巡回演出，我有机会接触到来自亚洲和其他地方的观众，这些观众都是刚开始接触《报告狗班长》。当他们上前来和我交谈，从我口中得知老爹已经过世的消息时，都感到震惊不已，即使没有真正和老爹见过面，大多数人还是会忍不住落泪。

我经常受邀到各地举办讲座，每一次的讲座中我都会提到老爹，而每次提起它，我总是对观众说："我真希望你们有机会认识它。"

我深深知道，如果不是有老爹在我的身边，向我示范如何以最自然的方式矫正有问题的狗狗，我在训狗这条道路上绝不可能像现在这样成功；如果不是老爹先让我看到什么是无私的爱，我也绝不可能成为这么尽心尽力的父亲；而如果不是老爹超凡的智慧启发了我，让我懂得珍惜每一个当下，懂得保持平静，懂得相信自己的直觉，我也绝不可能成为今天的我。

如何获得智慧

- 练习专注：通过静坐，瑜伽练习，置身于大自然来消除你周围的噪声。渐渐地，你的心智会变得清明，直觉也会增强。

- 培养同情心和同理心：尽管我们生活在一种奖励贪婪和自私的文化中，但我们还是要练习设身处地为那些不幸的人想一下，并伸出援手去帮助他们。

- 活在当下：别再只顾着说自己、想自己，暂停下来，看一看、听一听周围正在进行的一切，不带批判地静静观察，把一切看进心里，同时顺其自然。

- 生命中的每一段经历，不论好坏，都要看作是无涯学海中宝贵的一课。有人说：“当学生准备就绪，老师自会出现。”随时随地都要意识到，出现在你周围的任何人或动物，发生在你周围的任何事，都有可能是你一直在寻访的“名师”，抓住他/它出现的机会，让他/它为你带来新的领悟。

第七课

复原力

当你深陷苦恼时，假如有一只狗在身边全心全意、默默地陪伴着你，你将获得从其他任何地方都不可能得到的东西。

——多丽丝·戴（Doris Day）

2010年夏末，我住在圣克拉里塔的狗狗心理中心——就只有我和我的狗群。这一带的风景总让我想起童年时代生活的墨西哥乡下：低矮起伏的山丘和灌木丛，还有高原沙漠干燥炎热的空气。我坐在自己为这里崎岖不平的路面而改良过的雪橇上，贾达·萍克特·史密斯的两只哈士奇拉着雪橇。我的比特犬阿弟和其他几只狗狗跟在我们身边奔跑，我们沿着山路前进，越过了好几座山丘，此刻我觉得自己充满了活力。

在这个充满喜悦的时刻，几个月前一直包围着我的绝望情绪就像一场噩梦一般慢慢退去。我发现原来自己一直把低落的情绪归咎于外在的打击和压力，殊不知要挣脱心灵的桎梏，振作起来继续向前走，我必须先治愈自己的内在。

当下我祈求主让我的生活变得明朗起来。就在那一瞬间，我胸中燃烧起熊熊的使命感，这种感觉已经很久不曾有过了，我知道自己还有任务未了，那就是我来到人世间走这一遭的天职——帮助狗狗，并教导人类。

但我还有一些悬而未决的事情必须先处理好。经过几个月的艰苦工作之后，我终于办好了离婚手续，切断了所有不良的商业合作关系，并搬到了舒适的新家安顿下来。随着我对新生活的前景越来越乐观，我也积极地开始了我的治愈之路。

为了治愈自己，我决心重新开始，从这些年来不断消耗我的工作中脱身出来。慢慢地，我开始和自己真正热爱的事物重新连接上。我请了长假，停下了所有电视节目和讲座，把生活重心放在我这辈子最在乎的事情——我的狗狗身上。

有将近三个月，除了最好的朋友和亲人，我很少见人，每天就在狗狗心理中心费尽心思地规划环境，用自己的双手重新制造景观，在粗重的体力劳动中把那段时间的创伤和怨恨都发泄出来。不干活的时候，我就和我的狗狗在一起——散步、跑步、玩轮滑和各种游戏。

我还特意腾出时间，让自己完全沉浸在最早激发起我这辈子对狗狗的热爱的活动之中：单纯地观察它们之间的嬉戏和毫无障碍的沟通。我会静静地坐上好几个小时，看着狗狗们互动。一个念头闪过我的脑海：狗狗一直都明白生活其实很简单，是我们人类把一切弄复杂了。当我看着狗狗们在山坡上一路嬉戏，看着单是和煦的阳光照在背上就能令它们欢天喜地的时候，我感觉到自己正在渐渐恢复对单纯喜悦的感受力。

在那段几近隐居的日子里，我在狗狗们的帮助下，逐渐恢复了全然活在当下的能力。我不再沉溺在那一件件令我自责和悔恨的往事之中，而是开始为自己能够走到今天、走到自己所在的位置而心存感激。

> 狗往往比人过得快乐。原因很简单，对狗来说，最简单的东西就是最美好的！
>
> ——穆罕默德·穆拉特·伊尔丹（Mehmet Murat Ildan），土耳其小说家、剧作家

迪士尼乐园

想拥有从挫折中浴火重生的复原力，没有什么比学会像狗狗那样体验生命更重要的了。狗狗总是沉浸在自然的怀抱中，并且活在每一个当下。我的意思不是要大家忘记过去，或无视未来可能的结果，绝不是这样，而是说当你能够全然活在当下，你就能学会用积极正面的思考方式去接受过去和拥抱未来。

戒酒团体有所谓的十二步计划，他们在计划中使用的一

种说法一直让我感同身受：“我们不后悔过去，也不想就此关上通往过去的门。”过去的教训不应该忘记，但也不能让过去把你拖垮。如果活在当下能让你建设性地想起过去的事，或者促使你产生某种念头而在未来有所改进，那你就做对了。

狗狗们拖着雪橇和我在满是尘土的高原上飞驰。在那一刻，我心中充满了感恩之情，庆幸自己熬过了离婚的伤痛，正稳稳地踏上治愈和宽恕之路。两个儿子的疏远仍然令我难

狗科学档案

人狗的基因关联？

科学研究显示，人和狗之间的关系似乎要比历史和演化上的渊源更加深厚，或许两者从基因上就已经有很深的关联。

2005 年 12 月，一个科学家团队在《自然》期刊上宣布，他们已经完成了对家犬的基因组测序工作。[11]

“人类和狗拥有同样的基因组，”该研究项目的牵头人、麻省理工学院及哈佛大学共同组建的布罗德研究所的谢斯廷·林德布拉德－托（Kerstin Lindblad-Toh）表示，“事实上，狗的基因组里面的每一个基因，都可以对应到人类基因组里面的基因，而且都具有类似的功能。”

过，但感受着身边狗狗们给予我的支持和力量，我在内心深处知道我们终究会重归于好，而到那时候大家都会比以前更加坚强。至于眼下，我有我的狗狗们，还有作为我坚强后盾的家人们：父亲母亲、弟弟埃里克以及两个妹妹诺拉和莫妮卡，此外还有许许多多不管什么情况下总是支持我的好朋友。

尽管当时还是热气蒸腾的夏季，但我却感觉自己像圣诞节电影《生活多美好》（*It's a Wonderful Life*）里的主角乔治·贝利一样。在影片最后，乔治的守护天使克拉伦斯特意在赠送给他的书中为他写下一段寄语，上面写着："有朋友的人永远不会失败。"这就是这部影片的寓意，也是现实生活中值得铭记的箴言。当然了，只要养狗，你永远都不会缺朋友。

找回感恩之心和对生命的热情之后，我的创造力和积极性也开始恢复。看着我的狗狗们玩耍嬉闹，我留意到各种令它们最开心的事情，这给了我强大的灵感。我心里想："我们总说自己爱狗狗，却往往让狗狗做一些只让我们人类开心的事情，为什么没有一个专门为狗狗设计的地方，目的就只是为了让狗狗开心呢？"

想到这里我灵光一闪，看到了未来的景象：我要把狗狗心理中心变成一座狗狗们的迪士尼乐园，让它们可以在这个梦幻仙境里做一切它们喜欢做的事——游泳、徒步旅行、拖车运货、挖掘、比赛谁更敏捷、玩嗅觉游戏、进行搜救练习，等等。然后我还要增加一些其他动物，以凸显狗狗在动物王国里的地位。我还要为狗狗的主人开研讨会，教他们如何让自己的狗狗过得充实而满足，好让主人也能为爱犬创造一种快乐的生活。然后，就像华特·迪士尼先生那样，我要把这个概念传播到全世界。

几个月之后，当我终于感觉自己已经准备好回到洛杉矶，重新开始工作的时候，我发现弟弟埃里克已经在伯班克帮我独资成立的新公司找到了办公地点，而那栋大楼看起来很像迪士尼的童话城堡，我相信这个巧合就是我已经找对方向的吉兆。

我向我那规模不大但忠心耿耿的团队描述了我的“狗狗迪士尼乐园”的概念，他们全都表示赞同，与我一拍即合，于是我们马上就开始行动了。没过多久，我们就把圣克拉里塔的狗狗心理中心变成了我想象中的样子，甚至还要更精彩：一座为狗狗设计的游乐园，里面住着狗狗和许多其他动物，其中包括马、美洲驼和乌龟等；还有一个大游泳池和一个敏捷竞赛场，以及一系列给狗狗玩的有趣项目。此外，我们还为狗狗的主人们提供小班制的实用技巧研习会，让他们能够学会理解自己的狗狗，进而满足狗狗的需求。后来，受迪士尼的启发，我们在2014年进军佛罗里达州，在劳德代尔堡开了第二家狗狗心理中心，而且就亲切地称它为“迪士尼乐园”。

我永远也不会忘记那个具有里程碑意义的日子，我在山丘上俯瞰圣克拉里塔，在高原沙漠的地景中，满心喜悦地感觉到我真的已经痊愈了，无论从心灵上、情绪上或生理上都是。使我痊愈的显然不是人类的药物，而是狗狗们。我的狗狗不仅激发了我个性中潜藏的复原力，使我能够抱着积极的态度迎向未来，而且帮助我从来不求回报。这些四条腿的天使陪伴我度过了我这辈子最黑暗的春天，也看着我走向这一生中最灿烂的季节。

那天在狗狗心理中心陪伴我的狗狗当中，有一只是我的守护天使，它就是肌肉结实的三岁蓝比特犬“阿弟”。

> 狗很有智慧。它们会躲到安静的角落里舔舐伤口，直到自己完全恢复之后，才重新加入这个世界。
>
> ——阿加莎·克里斯蒂（Agatha Christie），英国侦探小说家

培养阿弟

时间回到2008年，当时的我正面对一个沉痛的事实：老爹不可能永远陪在我的身边，虽然它像胜利者那样从癌症中完全康复，但不可否认的是，它的活力已大不如从前。心知老爹的不凡特质是可遇而不可求的，我决心帮它找一个门徒，趁它还在的时候让它把智慧传承给下一代，我打算让老爹帮我从幼犬时期就开始培养它的理想接班人。

至于“小老爹”（Daddy Junior，阿弟名字Junior即由此而来）要选哪一种狗，就很简单了。老爹已经成为全世界最受爱戴的比特犬，让无数人更加理解这个品种，所以我要再选一只

名人与狗

贾达·萍克特·史密斯

贾达是我20多年的知己好友，当我还在洗车同时兼职训练狗狗的时候就认识她了。当时她想把她的两只罗威纳犬训练成个人保镖，所以过来找我。我们可以说是患难之交，而她所体验到的狗狗带给她的治愈力量，也和我的经历非常相似。

“我要告诉你我的狗狗为我做了什么，”有一天，当我们在圣莫尼卡山区带着狗群散步时，贾达告诉我，“是我的狗狗让我找到了自己的根。我小时候在一个类似战区的地方长大，那里的环境十分危险。我从小没有父亲，母亲又太年轻，我就像猎物一样，每天都战战兢兢地等着被捕食。只要走在街上，我的直觉就会变得很强烈，那是一种生存的本能。”

不过贾达说，自从她在好莱坞开始变得成功之后，这种直觉开始迟钝了，这让她变得非常容易受到伤害。“你开始生活在保护壳里了，你知道我的感受吧？”她说。而当她开始接受我的指导，学会如何带领狗群之后，她又找回了以前的自己。“我的狗狗给了我一个立足点，让我能保有小时候在巴尔的摩街头养成的直觉本能，并保持敏锐，然后以另一种方式展现出来。现在我靠这种直觉来经营事业，判断要与谁合作、不与谁合作，以及和别人建立什么样的关系。我的狗狗让我找回了原来的我。”

纯种比特犬跟在身边，延续老爹和我一起开创的这项任务。

很幸运的，我在墨西哥时就认识的一位老朋友打电话告诉我，他养的一只温顺的母比特犬刚刚生了一窝狗崽，配种的公狗是一只漂亮的纯种比特犬，也是一只沉着稳重的狗展犬，所以现在他手上有一窝看起来遗传了父母平稳个性的狗崽，让我过去看看。“谁知道呢？说不定你会找到下一个老爹哦！”他说道。

那一天阳光灿烂，我开车到城市另一头的朋友家里，去探望那一窝六周大的狗崽，老爹就坐在我的吉普车副驾驶座位上。那窝狗崽就像一团团蠕动的小毛球，笨拙地在我们周围爬来爬去。我观察它们彼此之间以及和狗妈妈的互动，很快就做出评估：哪一只是老大，哪一只在狗群中殿后，哪一只处在中间。

其中有一只小狗一眼看上去就让人觉得与众不同。它长着一身青灰色、犹如天鹅绒般光滑的毛，只有胸口是一片雪白，像围了围兜一样，浅蓝色的眼睛简直要迷死人。这种狗叫作蓝比特犬（其实它们的蓝眼睛在成年后通常会变成绿色或褐色）。这只小狗实在太可爱了，不过最吸引我的还不是它的长相，而是能量。当我把它抓起来的时候心里感到一股悸动，它的举止让我想起了小时候的老爹。

由于培养小狗的任务主要会落在老爹身上，它当然有权做最后的决定。于是我轻轻抓起那只小狗，把它的臀部凑近老爹，老爹闻了闻，显示出它对小狗感兴趣。我把小狗放回地面上，这小家伙谨慎而又跌跌撞撞地爬向老爹，头还低低的，表现出恭敬、服从的态度。我很惊讶，才六周大的狗崽就已经这么懂规矩。当老爹检验完毕，转身走开时，这小家伙抬起头来看了看，摇摇尾巴，竟然就跟着老爹往外走了！这绝对错不了，这个小家伙就是我们要找的“小老爹”。

我们在阿弟八周大的时候把它带回了家，从第一个晚上开始，它就和老爹形影不离了——它们一起睡觉，一起吃饭，一起玩耍，小小的阿弟会踉踉跄跄地跟在有点儿老态但依旧健朗的老爹身后，模仿它做的每一件事。一等到阿弟打完所有的疫苗、可以安全地外出之后，我就开始带着它到处跑，让它跟着我出席讲座，跟着狗群去山里和海边散步，甚至加入《报告狗班长》的狗群中。如果你养的是小狗的话，最好尽量让它有机会接触到各种各样的情境，狗狗的适应性越强，

是老爹从一窝狗崽中选中了阿弟，而且它从一开始就担起师父的责任，尽心教导阿弟

它就会越自信，性情也就越平衡稳定。

狗狗如何实践复原力

✔ 狗狗总是以全新的心情开始每一天，所以昨天的烦恼、情绪或担忧通常不会对它们造成什么影响。对狗狗来说，每天都是重新开始的机会，任何挫败、恐惧或不快都不会持续太久。

✔ 狗狗通常不会表现出痛苦或受伤的样子，因为示弱有可能会给它们带来危险。这使得它们很能隐忍，但也保证了它们能很快复原。

✔ 狗狗很容易受到狗群或是身边人类的影响，

只要它的圈子里的狗狗或人表现得很坚强，就算是胆小的狗狗也会设法坚强起来。

✔ 狗狗的好奇心很强，喜欢尝试新的冒险，所以即使经历了不好的遭遇还是能继续向前走。

阿弟接棒

2009 年中的时候，老爹变得很虚弱，有很多集《报告狗班长》都无法参与，我开始让阿弟代替老爹作为我的助手，帮我应对节目中那些需要矫正的狗。由于从小一直跟在老爹身边，老爹做什么它都看在眼里，所以阿弟马上就知道我要它做什么（虽然刚开始的时候我必须常常引导它）。如今，阿弟已经长成为一只结实健美的壮年狗，它的能力已经成熟到我们之间不需要任何言语就可以沟通的程度——几乎比得上我和老爹之间的默契。

阿弟在很多方面都和老爹不同。身形上，阿弟比较高，肌肉比较结实；老爹比较矮胖，骨架比较厚实。两只狗的性格也很不一样，如果用大学生来作比喻的话，老爹就是成熟稳重、心思缜密的哲学系本科生，而阿弟则是逍遥自在的运动迷，它体力好、身手矫健，球技更是高超——如果我不限制它玩耍时间的话，它很容易过度沉迷。

只要一颗小小的棒球，阿弟就可以有很多种玩法，绝对会让你叹为观止。它也超喜欢玩水，比特犬其实不亲水，像老爹就从来不爱玩水，每次我带狗群到海边，它只是站在岸

名人与狗

约翰·欧赫利（John O'Hurley）

我不是第一个在狗狗的陪伴下渡过离婚困境的人，我相信我也绝不会是最后一个。男演员约翰·欧赫利最为人所知的角色，是情景喜剧《宋飞正传》（*Seinfeld*）里的彼得曼，他告诉《西萨的待犬之道》杂志，在刚离婚后的那段难熬的日子里，是他的马尔济斯犬“小不点”拯救了他。

“我带着‘小不点’开车横穿美国，从纽约一路开到洛杉矶。”他在2010年11月接受采访时说道，“我们慢慢接受了这个家只剩下我和它两个的事实。狗狗真的很有耐心，而且它们只活在当下，从来不会去想过去或将来。”

边看，或者挖一个特别的洞给自己就很满足了，其他的狗狗都在海浪中追皮球，玩得兴高采烈，只有它对此毫无兴趣；而阿弟正好相反，它是游泳高手，甚至能在水中潜游，如果它的球沉到水面以下，它会像潜水员一样笔直地潜进水底，憋着气，睁大了眼睛游过去追球。

难过时逗你笑

我刚从和前妻以及两个儿子一起居住的家里搬出来的时候，必须暂时住在单身公寓里，当时我唯一带在身边的狗狗就是阿弟，其他的狗狗则在狗狗心理中心和工作人员一起住。阿弟和我就像两个相依为命的单身汉，我们一起散步、上下班、吃饭、睡觉，一起躺在沙发上看电视。虽然我心灵的伤正逐渐痊愈，但有时夜深人静的时候，黑暗的念头袭来，内心还是会被寂寞、悔恨和悲伤淹没。

在这种时候，我就会发现阿弟身上另一项神奇的特质：它是一个天生的表演者，一个天生就很会逗人开心的“小丑”。阿弟似乎总知道我什么时候需要一点点安慰，这时它就会做出一些让我开怀大笑的事情。比如说每天早上，30 多千克重的它会像滑稽的小狗一样跳一阵舞，然后四脚朝天地躺在地板上望着我，等我过去拉它的脚，摸它的肚皮。

阿弟也很爱和其他狗狗一起玩耍，它很喜欢和我们家里那群狗一起玩，特别是体形比较小的可可、本森和吉奥。虽然它的身材很壮硕，可是一旦和小型犬一起玩，它就会学它们那样蹦蹦跳跳，只不过它的动作要笨拙得多。每次看到它满地打滚，想要融入小型犬的圈子里，我就忍不住哈哈大笑。它没有办法像小型犬那么优雅敏捷，然而显然它觉得自己和它们是一样的！

当我处在那段黑暗旅程的最低潮时，是阿弟救了我，只要有它在，我就没有办法生气或沮丧太久。虽然和老爹很不一样，但阿弟正是我在那段创伤期里最需要的陪伴。关于笑的治愈作用，我早已看过了各种研究，但直到遇见阿弟，我才亲身体验到它的力量。

治愈力：以狗狗为治疗师

狗狗有一种特殊的治愈能力，而直到最近科学家才开始对这种能力进行研究和量化。不过我对此并不感到惊讶，因为我相信狗狗已经帮助数百万人恢复了情感和心理健康。在我的生活及职业生涯中，我多次看到在心理治疗和药物治疗都不起作用的情况下，是狗狗让患者的情况出现转机。

其中给我印象最深的一个例子是《报告狗班长》一期节目中的阿洁，这位客户在经历过一长串痛失亲人的毁灭性打击之后，出现了类似创伤后应激障碍的严重恐慌症。她的焦虑感非常严重，以至于不敢和外界接触，大部分时间都躲在家里。但自从她领养了一只名叫斯帕奇的脏脏的混种小㹴犬之后，她发现自己恐慌发作的次数变少了，而且就算是发作，恢复的时间也快得多。

阿洁之前曾尝试过各种治疗方法，均以无效告终，而斯帕奇竟然对她的症状大有帮助，它平复了她的焦虑，使她剧烈的心跳缓和下来。只要有斯帕奇在身边，她就感觉安定许多。阿洁决定帮斯帕奇申请认证成为心理治疗犬（辅助犬的

狗科学档案

狗有幽默感吗？

一百多年的研究成果表明狗狗确实有幽默感！达尔文是首位假设狗有幽默感的科学家，他在1872年出版的《人与动物的情感表达》（*The Expression of Emotions in Man and Animals*）一书中，描述了一些狗狗“戏弄”主人的做法——它们会假装帮主人把扔出去的东西捡回来，而就在主人要接过东西的最后一刻，它们会咬着东西乐滋滋地调头跑开，就像在玩恶作剧一样。在达尔文看来，这种行为和一般的玩耍是完全不同的。

诺贝尔奖得主、奥地利动物行为学家康拉德·劳伦兹在此基础上更进一步，提出狗其实会笑。他在1949年出版的《当人遇见狗》（*Man Meets Dog*）一书中写道：“这种‘笑’最常在狗和心爱的主人玩耍的时候出现，它们会变得越来越兴奋，然后很快就开始气喘吁吁。”

被劳伦兹认为是狗在“笑”的这种喘气声，在多年后由内华达西艾拉学院的帕特里夏·西莫内特进行了实验。[12] 2001年，西莫内特和她的学生录下了狗在玩耍时发出的喘气声，经过分析后发现，这类喘气声确实在形态和频率上都与狗平常发出的喘气声大不相同。当西莫内特把这些狗笑声的录音播放给青春期和幼年期的狗听的时候，那些狗都显得很开心，有的咬起玩具，有的摆出邀玩的动作，而播放狗其他类型的声音，包括一般的喘气声，则没有这种效果。

2009年，神经心理学家及犬类行为畅销书作家斯坦利·科伦博士，把西莫内特新发现的“狗笑声”运用到了现实生活当中。[13] 他不断地尝试模仿那种声音，直到学会发出几乎可以以假乱真的人版狗笑声为止，他说：“我发现最有效的方式是像这样：呼——哈——呼——哈……然后我的狗会坐起来摇尾巴，或者从房间的另一头向我走过来。”

接着，科伦尝试用这种声音来安抚焦虑的狗狗，他几乎在所有的案例中都记下了正面的效果，但极度焦虑或受过创伤的狗狗除外。“这和安抚人类的情况很像，”科伦观察道，“如果你面对的是普通焦虑程度的人，发挥一点儿幽默感会很有帮助，可以让人放松下来。但如果对方已经处于恐慌状态，而你还想让气氛变轻松的话，就有可能被误解为不把别人的情绪状态放在眼里，可能会让事情变得更糟。”

想想看：你会和你的狗一起笑吗？

一个分类，近十年才在美国得到正式承认），好让斯帕奇可以跟她去任何地方。但有一个问题——阿洁很怕大狗，尤其是比特犬，而她的这种恐惧，会导致斯帕奇对会使阿洁紧张的狗表现出攻击性，而辅助犬是不允许有任何攻击性的。

为了帮助阿洁，我把她带到狗狗心理中心，让十几只友善的比特犬围绕着她，它们对她表现出满满的爱，帮助她克服了恐惧，而一旦她不再害怕大狗，斯帕奇的攻击性也就消失了。这次经验让阿洁获得了崭新的转变，有了乖巧且获得认证的斯帕奇跟在身边，她终于破茧而出，变得比以前坚强了许多，情绪也稳定了许多。

八年之后，阿洁的精神健康和身体健康都大为提升，她成为洛杉矶最受欢迎的专攻素菜烹饪的大厨。充满活力和自

狗科学档案

天然的抗抑郁剂

最近在《人格与社会心理学期刊》上发表的一项研究显示，养宠物的人通常比不养宠物的人过得更好，养宠物的人担惊受怕的情况较少，发生心理强迫症的概率也低。[14] 养宠物的人较少感受到沮丧或寂寞，自信心和幸福感更强，感受到压力的情况也更少。狗狗仿佛天生就有抗抑郁的能力，对提升主人的自信心和减轻焦虑有着神奇的功效。

信的她，把自己的新生活归功于一只小狗的治愈力量。

我个人很希望能有更多的精神科医生在开药方之前，先在他们的处方笺上龙飞凤舞地写下“救助一只狗狗”。

最近，我收到了一位粉丝发来的电子邮件，他在邮件里讲述了和一只被救的狗狗的成功故事，足以作为复原力和治愈力的动人见证。为了尊重寄件人的隐私，信中的名字和具识别性的细节我都隐去不表：

亲爱的西萨：

我从高中时代起就开始和抑郁症作战，日子过得很辛苦，吃药——心理治疗——焦虑——吃更多药，就这样断断续续将近20年的时间。有些时候还不错，而有些时候确实很糟糕。生活中的变化对大多数人来说或许没有什么，对我而言却很不容易，有些事情会让我抑郁发作，陷入其中仿佛没有尽头。

2012年的时候，我领养了我那只有点儿古怪的哈士奇混种犬，它早先在路边被人捡到，只差一天就要被实施安乐死了。自从那天它的寄养家庭打开他们家的大门让它向我飞奔过来，我的人生就开始变得不一样了。看到它美丽的脸庞，它那绿色的眼睛就只为了活在那一刻而充满喜悦和感恩，我忍不住喜极而泣。从那天开始，它就陪着我一起应对抑郁，让我每天早上有理由从床上爬起来，去做大多数人想都不用想就会去做的事情。

当我什么都不想做、只想躺在床上睡觉时，我的狗狗就会在那里挤眉看着我，脸上的表情写满“来玩吧！”我只好起床，给它一个大大的拥抱，告诉它我有多爱它，我不能没有它。它彻底改变了我的人生。

只要想到它那时刚三周大就差点儿被安乐死，我现在看事情的角度就变得很不一样。

除了因为自然灾害、幼年时期遭遇严重创伤、大脑器官受损或近亲繁殖等问题而导致的心理问题之外，狗狗本身不会出现心理问题，如果有问题的话一定是人类造成的，是我们让狗狗变得精神错乱或者心理不正常。狗狗在面对不稳定的人或充满压力的环境影响下，由于需求得不到满足，会出现心理问题和恐惧症。但只要离开那些负面的环境，它们往往能完全恢复健康——我由此得出结论：狗狗永远会朝着和谐的境界前进。更令人敬佩的是，它们也有能力让我们恢复平衡和健康。

狗狗增进我们心理健康的九大途径

1. 狗狗通过与我们肢体接触，给我们带来镇定作用。

2. 狗狗给我们爱，提升我们的自信心。

3. 狗狗让我们不那么孤单和寂寞。

4. 狗狗使我们担负起照顾另一个生命的责任，因而变得更富有同理心。

5. 狗狗帮我们建立起新的人际关系。

6. 狗狗能转移我们的注意力，使我们不会总陷在负面的想法和感受中走不出来。

7. 狗狗使我们保持健康的生活规律，例如每天运动，同时把日子过得简单而有节奏。

8. 和狗狗在一起的时候，我们的血清素会提高。（血清素是一种能够抵抗悲伤的神经递质。）

9. 狗狗带给我们欢笑的治愈力量。[15]

说到狗的心态可以提升人的心理健康、让人重新振作起来，欧文·霍金斯的经历可以算是一个非常有说服力的案例了。我们是在 2012 年 8 月通过《西萨的待犬之道》杂志认识的。欧文患有罕见的遗传性疾病“软骨营养障碍性肌强直综合征”（Schwartz-Jampel syndrome），这意味着他的肌肉总是处于紧张状态。他的童年十分痛苦，从很小的时候起他就意识到别人会用异样的目光看他，而他也因自己的长相而越来越不自在——这种疾病的外型特征是身材矮小、头面短窄、眼睛细小畸形。和阿洁一样，欧文渐渐缩回到自己的世界里，不想出门，只有待在屋子里与外界隔离，他才感觉到安全。

同一时间，有一只名叫哈奇的安纳托利亚牧羊犬也在受苦。它在十个月大的时候被人绑在铁轨上等死，但它奇迹般地逃过了一劫，火车只碾断了它的一条后腿。它躺在铁轨边淌着血，独自哀嚎了好几天，最后被欧文的父亲韦尔发现并救回了家。

欧文·霍金斯和他的三脚狗哈奇是天造地设的一对，他们让彼此变得更自信，能以不带评判的态度去面对生活

我这辈子辅导过很多三条腿的狗狗，它们的反应全都像身上没有任何缺陷一样；更令人赞叹的是，在早晨徒步时，这些狗狗大多数都能跟上狗群的速度。而与它们相处的狗狗也不会在乎同伴缺了一条腿，或瞎了一只眼，或断了半条尾巴，狗狗根本就不会用这种带评判的眼光去看彼此。同样地，哈奇也不会对欧文另眼相看。

当欧文第一次看见哈奇那充满爱的棕色眼睛时，他的人生在瞬间被改变了。他的新宠物毫不犹豫地接纳了他的状态，给了他重新走出屋外的信心。欧文负责照顾哈奇，带它去散步、去参加狗展，这让欧文有了新的人生目标，自信心也随之提升。欧文也不再害怕与陌生人接触，因为身边有了哈奇，他随时都有话题可以聊。

关于治疗犬

医院里总是充满了病痛、恐惧和哀伤，我想不出这世界上还有几个地方比医院更迫切需要狗狗的服务。

除了战区以外，医院被视为给人压力最大的地方之一。

名人与狗

安德鲁·韦尔医生（Dr. Andrew Weil）

整合医学医生安德鲁·韦尔表示，他真的会把养狗作为处方之一“开”给病人。2012年的时候，他告诉《西萨的待犬之道》杂志，“养狗对情绪健康有莫大的好处”，狗就靠你来满足它的需求，养狗“使你不会眼中只有自己，太自我是不健康的”。

韦尔还说：“我的两只罗得西亚脊背犬提醒我，自发的快乐真的存在，因为它们每天就在我面前示范给我看。”

迈入21世纪的新形态医院

著有《系着牵绳的天使：治疗犬与被它们感动的生命》（*Angel on a Leash: Therapy Dogs and the Lives They Touch*）一书的戴维·弗赖（David Frei），是美国威斯敏斯特犬展的主持人，他的妻子谢瑞琳（Cherilyn）在曼哈顿的“麦当劳叔叔之家”担任天主教神父，夫妻二人积极倡导让更多的治疗犬到医院服务。

“刚开始的时候，很多医护人员都不愿让狗进到医院里，”戴维说，“但是现在，科学研究终于确认了狗主人早已知道的事情。”

戴维每个星期都会带着他的两只布列塔尼猎犬探访生病住院的孩子们：“狗狗一走进房间，里面的能量就变得不一样了，不说话的病人开口了，不笑的病人开怀笑了。狗狗总是活在当下，它们也给了这些生病的孩子一个活在当下的片刻。”

许多医院都弥漫着一股混合了体液、药物、清洁剂和橡胶的难闻气味，令人不想久留。尽管医院的目标是为病人提供一个安静的环境，但大多数医院都充斥着嘈杂的环境噪声：呻吟声、咳嗽声、刻意压低声音的对话、人工呼吸器的嘶嘶声、监测器的嘀嘀声、电话铃声、扩音器的广播、电梯开门的叮咚声等。

由于治疗犬拥有敏锐的感官，富有同理心并且活力十足，它们到医院探访并安慰病人，已被证明可能是医院能提供给病人的最佳良方。最适合到医院探访的狗狗要数那些处于狗群中间位置的乐天派，它们随遇而安，几乎对每一个人都很友善、充满好奇，能给人们带来积极的正能量。人类所不喜欢的那些气味，对它们来说简直是一个生动的气味大拼盘，不过狗狗不会对这些气味产生负面感受。同样地，狗狗也不会因为怜悯、忧虑和内疚，而带着沉重的心情走进病房。

大家都知道，住进医院里的人是最脆弱的，而狗狗能带来乐观、希望、好奇和欢乐——这都是生病或受伤的人极其需要的素质。当一只优秀的治疗犬走进一个房间里时，它会径直走到病得最重或情感上最需要支持的那个人的身边，然后再一个接一个地安慰病房里的其他病人，直到所有病人都投射出同样的正能量为止。对狗狗来说，病痛的能量是需要矫正的东西，而让房间里的能量恢复和谐，就成了一项有趣的挑战。

我把阿弟训练成了治疗犬，它在 2012 年正式获得了认证，而治疗也成了它在我的系列电视节目《呼叫西萨狗教官》（*Cesar 911*）中的主要任务，不过它在节目中服务的对象主要是狗狗，而不是人。阿弟自豪地穿着官方颁发的“治疗犬”背心，有了这件背心，它可以跟着我去任何地方，大家看到它也会相信它是一只听话、平静而且训练有素的狗狗。当它穿着背心的时候，大家也会知道它正在执行任务，不应该摸它或是让它分心。

> 治愈的艺术来自自然界，而非来自医生，因此医生应该以开放的心胸，以自然界为起点。
>
> ——帕拉切尔苏斯（Paracelsus），
> 中世纪瑞士医生

呼叫肿瘤专家——狗医生

说到复原力和治愈力，就不得不说说狗狗的另一项神奇的能力：它们不仅能够帮助病体康复，还能及早发现疾病。最好的例子就是侦测犬。

侦测犬的嗅觉辨识能力非常强，这些狗狗被赋予的任务就像在大海里捞针，而且是一而再，再而三地捞。不过，由于狗狗的嗅觉感受器要比我们多 25 倍左右，所以它们有办法分辨出癌细胞以及癌细胞的废弃物所产生的特殊气味——有时候甚至能在癌症发展起来之前就嗅出来。狗狗也有能力分辨出人体内以万亿分之一计的微量化学物质残留[16]，它们能够辨别出不应该在那里存在的异常气味。

如今，医学界利用侦测犬嗅出癌细胞，能比化验仪器更早地检测出癌症，而且准确度高达 98%。[17] 能够在早期发现癌症——包括致死率最高的几种癌症，意味着以往的绝症有可能成为可治之症。

终于，过去几千年来狗狗一直想要告诉我们的事，现代科学能够理解了，而我们才刚刚开始训练狗狗怎么把它们所知道的宝贵知识传达给我们。

2010 年春天，我有幸拜访了这样一家了不起的侦测犬训练中心。那是位于加州圣安塞尔莫的松树街医疗中心，训犬组长柯克·特纳向我介绍了他如何在短短两周半的时间内教会一只狗侦测癌症。首先，他会把癌症患者的细胞和 / 或尿液盛在空的婴儿食品罐或胶卷盒里，在盖子上戳几个孔，让气味可以透出来；接着，在狗狗面前摆放好几个罐子或盒子，训练它在有目标气味（即癌细胞）的罐子旁边坐下。如果狗狗找到了盛放癌细胞的容器，就会得到奖赏，奖赏可以是零食、称赞、爱抚或玩耍时间，视每只狗狗自己的喜好而定。

该医疗中心的主任迈克尔·麦卡洛克告诉我，有一次，在训练一批狗狗的时候，他们发现有一位女士的癌症复发，而她的医生直到一年半之后才发现她长了新肿瘤。这位女士原本属于提供无癌样本的对照组，但当狗狗闻到她的样本时，25 次之中有 24 次都会在她的样本前坐下来不肯走，这表明样本里含有癌细胞。当一年半之后，这位女士的医生发现这颗新肿瘤时，它依然很小，几乎检测不出来，可称为“零期癌”，所以医生得以将其完全切除。

另一个令人惊叹的故事则发生在一次竞争激烈的狗展上。在参加那次选美比赛的名犬中，有一只雪纳瑞犬承担着一项主办方并不知情的兼职工作——嗅癌，事实上它是最早成为嗅癌犬的雪纳瑞犬之一。问题来了：这项比赛的规则之一是，评审在评判时，被评判的狗狗必须保持站立，否则就会被淘汰。

而当那只会嗅癌的雪纳瑞犬靠近其中一位评审时，它立刻坐了下来，再也不肯移动了。毫无疑问，它立刻就被淘汰了，不过在离开赛场前，这只雪纳瑞犬的指导员把那位评审请到一边，建议她去医院检查一下。

几天之后，这位评审特地打电话给狗狗的指导员，向他表示感谢。她说医生查出她患有二期乳腺癌，如果不是那只雪纳瑞犬提醒的话，她很可能无法及时发现乳腺癌并得到成功治疗。

当然了，那只雪纳瑞犬对于自己被淘汰出局一点儿都不介意，因为它做了人们训练它从事的工作——拯救人们的生命。

糖尿病警示犬

最近，我参加了一场须正装出席的鸡尾酒会，席间一只身穿服务犬背心，背着背包，英姿焕发的金毛寻回犬走了进来，吸引了大家的注意。金毛寻回犬身边是一位三十多岁的女士，我有机会和她聊了一会儿。

理论上，《美国残疾人法案》规定，陌生人不可以问服务犬主人的残疾是什么（其实也不太礼貌），但那位年轻的女士一眼就认出了我，并主动告诉我她患有I型糖尿病，她的狗狗名叫哈迪，已经在她身边三年了。哈迪不仅会在她血糖异常波动时发出警告，还能帮她背装有胰岛素的医疗包和装有其他急救用品的背包。糖尿病警示犬通过主人的呼吸侦测血糖波动，它们还受过明确的训练，当主人昏倒或没有行动能力时，懂得向外界求援。

那位女士将夹在哈迪背包上的一只红色折叠式水碗取了下来，然后一边把手上塑料杯里的水倒进碗里并把碗放到地上，一边和我说："带它和我一起出席各种场合有很多好处，我有可能不小心吃下不该吃的东西，还没有意识到就已经头晕目眩。不只这样，到任何场合我都不用担心自己一个人也不认识，因为大家看到哈迪就会主动搭讪，而且永远不愁没有话题。"

索菲娅和蒙提

索菲娅·拉米雷斯领养长毛迷你腊肠犬蒙提的时候，原本只是想找一只可以参加狗展的名犬。但过了不久，她被诊断出患有低血糖症，同时她注意到每当她晕眩或头痛的时候，蒙提就会表现得很怪异。最后她终于想到，她的新宠物将会是很称职的服务犬。

经过一段全面的训练之后，蒙提开始协助监测索菲娅的血糖水平。如果她的血糖开始降低，蒙提会用爪子碰触她，提醒她吃药。"我也用血糖仪，但很容易忘记，不像狗狗，你很难对一只想引起你注意的狗狗视而不见。"她解释说，"幸亏有蒙提，不然我现在可能已经不在这里了。"

蒙提令人叹服的地方是，在完全没有受过训练的情况下，它就已经展现出这种能力，它需要学会的只是在知道索菲娅的血糖过低后应该做什么。狗狗有益于人类身心健康的方式各种各样，而有许多都来自于它们与生俱来的能力。

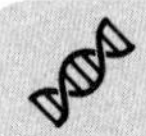

狗科学档案

狗狗如何当我们的医疗小帮手

· 当 I 型糖尿病患者的血糖过低时，糖尿病辅助犬可以侦测到，并提醒主人。

· 癫痫警示犬可以在主人即将发作时发出警示，这样主人可以赶紧吃药或走到安全的地方。

· 辅助犬可以帮助视障、听障、脑损伤或长期患病的人（例如帕金森病患者）执行一些日常任务，在公共场所给主人带路，在有潜在危险时向主人及周围的人发出提示。

· 心理安抚犬可以帮助精神健康有问题的人，提供心理上的安慰及身体上的接触。

· 治疗犬能把欢乐带到疗养院和医院。

· 过敏警示犬可以侦测出食物或环境中有潜在致命危险的过敏原。

狗狗最重要的工作依然是陪伴。就像希腊神话中的地狱三头犬一样，狗狗依然守护着我们，让许多人不至于掉进寂寞的地狱之门。

——塔拉·达林（Tara Darling）和凯茜·达林（Kathy Darling），《狗的礼赞》（*In Praise of Dogs*）

TBI和PTSD服务犬

自从伊拉克和阿富汗爆发冲突以来，从战场上归来的美国军人就被各种特殊的疾病缠身。首先，简易爆炸装置（IED）的使用经常会造成创伤性脑损伤（TBI），这是一种肉眼无法看见的伤害，但却会影响人的大脑额叶，导致患者处理日常事务的能力降低，原本轻而易举的事情也会变得难以应对。创伤性脑损伤的患者可能会出现癫痫或晕厥，性情也会受到深刻影响，有可能导致记忆力、情绪和性格方面出现细微或剧烈的改变。尽管创伤性脑损伤是实实在在的人身伤害，但因其发生在脑内，肉眼无法看见，也正因如此，这种损伤的副作用从战场归来的军人的行为中最能体现出来。

这两场战争带来的第二个具有代表性的伤害是创伤后应激障碍（PTSD），这是一种严重的心理障碍病症，和创伤性脑损伤一样，也是一种肉眼无法看见的伤害。创伤后应激障碍的症状非常折磨人，具体包括脑中不断闪现过去的可怕场景，做噩梦，出现挥之不去的痛苦念头，还有极度恐惧、焦虑、不信任他人、充满罪恶感与孤独感，以及无法感受快乐。由于创伤后应激障碍也会影响性格，当患者的家人和朋友努力想理解自己的挚爱为何性情大变时，患者有可能会故意疏远，与亲人及朋友隔绝。隔绝导致孤独，孤独导致严重的抑郁。自战争开始之后，美国军方及退伍军人事务部的记录均显示，与创伤后应激障碍相关的自杀风潮确实存在。

于是，一批新品种的美国英雄开始登场：PTSD 服务犬和 TBI 服务犬。这些狗狗都是单独接受训练，以便为每一位具有不同 PTSD 或 TBI 症状的退伍或现役军人提供帮助。它们能学会几百种为不同人量身订做的特别任务，其中包括在患者身体出现紧急情况时寻求援助，在癫痫或恐慌发作前发出警示，或提供一些与实际治疗相关的帮助，例如帮患者背药物、提供抚触治疗等。同时，有服务犬在身边，会让患者感到安慰，此外服务犬还可以执行安全增强任务，例如避免人群向患者推挤而令患者无法承受，由此减轻患者的情绪压力。

美国退伍军人事务部早已实行向伤残退役军人提供服务犬的措施，目前也开始向诊断出患有创伤后应激障碍的军人提供受过 PTSD 训练的服务犬。这些狗狗在帮助身心受到创伤的军人重新融入平民生活方面提供了宝贵的帮助。由于这是治疗犬工作的新领域，客观的数据和统计仍在收集之中，但在军人之间口耳相传的事件已足以证明，利用 PTSD 服务犬协助退伍军人的概念确实可行。

关于狗狗帮助人类重新振作的故事，自古至今从不缺乏，不过到了今天，我们才有大量的科学证据可以证明这一点。我个人认为，狗狗永远是这世界上最有效的良药。

复原力和无条件的爱

我相信我了解狗狗要比了解人更多一些，并且有时候我觉得，只有狗狗才真正了解我。只要跟狗狗们在一起，我心中就充满了一种在其他任何地方都找不到的宁静。我是个守旧的人，重视荣誉和传统，而比起人类群体，我更常在狗狗的群体中看到这些特质。狗群赖以运作的价值观——忠诚、真实和相互扶持——在现代社会里已经很难见到。

那时，我和阿弟的关系刚开始步入我和老爹之间那种深度契合的境界，而在人际关系中，我也一直在追寻这种情深意重的关系，却从来没有真正找到过。

直到我遇到了我的贾希拉。

在所有离婚文件都签完，正式恢复单身汉的身份之后，我经历过一段自我怀疑、没有安全感的日子。我担心我的事业，担心我的儿子，同时又感觉被遗弃、没有人爱。在 2011 年的某一天，我走进洛杉矶一家奢侈品店打算用购物来寻求慰藉，无意间看到一位令我感到惊为天人的女子——她是那里的职员，不管我是不是已经有自己的电视节目了，我都觉得像这样的美女绝对不可能和我约会，于是我低下头从她身边走了过去，准备搭乘电梯到男装部。

就在电梯门即将关上的那一刻，这位美丽的妙龄女子竟然跟着我进了电梯！遇到这种情形，我从来都不知道应该说什么好，幸好她让对话变得很轻松。她告诉我她叫贾希拉，是一位造型师，几个月前才来到洛杉矶；我向她自我介绍时，她说她很喜欢我的电视节目。简短交谈之后，我们就分道扬镳了，但我再也忘不了她的身影。我尤其欣赏她坦承自己很骄傲，身为年轻的拉丁裔女性却能在一家享誉国际的名店工作，她的自信给我留下了深刻的印象。过了几个星期，我终于鼓足勇气又去了那家店——这次不是去购物，而是去邀请贾希拉和我共进晚餐。就这样，我们开始交往了。

交往了一段时间之后，我们变得越来越亲密，于是开始

贾希拉让我体验到前所未有的爱，她是我生命中的亮点

计划在一起生活。与此同时，我的大儿子安德烈继续和母亲在一起住，我的小儿子卡尔文——那时他十岁大——决定和我一起住。在卡尔文的生活中，我不再只是个离了婚的“周末老爸”，我又能够和他每天生活在一起了，对此我满怀感恩。不过，他当时是个难管的孩子，我和前妻的离婚使他变得没有信心，不确定自己在宇宙中的位置（就像我一样），他内心有很多怒气，经常在学校里惹麻烦，行为非常叛逆。

当贾希拉终于搬过来和我们一起住之后，面对卡尔文，她马上扮演了母性十足的角色。我看着她为卡尔文树立起充满温暖和爱心的榜样，在她的坚定支持之下，卡尔文的怒气也逐渐消失。

我和卡尔文是一对心碎的父子，而年纪轻轻却有着超龄智慧的贾希拉，完全知道该如何修补我们破碎的心。她在我们生命的最低潮时给了我们无条件的爱，激励我们成为最好的自己。在我们还无法再次相信自己的时候，她却对我们满怀信心。而就像奇迹一般，我和卡尔文都重新站了起来。

贾希拉让我终于学会了相信别人。我和我的狗狗——尤其是老爹——之间的感情一向深厚，让我感到满足。这种关系是建立在真心和坦诚的基础上的，在狗狗面前，我从来都不需要伪装自己，只要真真实实做自己，狗狗就会爱我、尊敬我、珍惜我。然而在人面前，我从来都没有办法完全放松、自在，我发现我其实一直在自己的周围筑着一堵墙。

而贾希拉是那个敢叫我拆掉这堵墙的人。她让我明白，只要两个人彼此信任，就有可能建立最深沉、最珍贵的关系。

在遇到贾希拉之前，我从来都不曾体会到这种无需言语的默契。经常，我们之间有一个人才说了一句话，另一个就会接着说道："我刚才也在想这件事。"或者我忽然想起我需要做某件事，而她会转过头来对我说："放心吧宝贝，我已经处理了。"

贾希拉是我这辈子见过的心地最宽厚的人，我们之间的相处充满了尊重和敬意，就像我和那些与我一起生活的狗狗之间一样。我从来不曾想到在和某个人相处的时候，我能够体验到这种无条件的爱和信任，而贾希拉让这一切变得轻而易举。这种感觉真的很棒。

于是，我向贾希拉求婚了。

我花了很多年，靠很多狗狗的帮助，才彻底走出了阴影。狗狗是激发我的复原力，使我重新振作起来的灵感源泉：是它们让我学会如何解开自己的心结，与另一个人建立起无条件的爱的关系。就像我经常说的那样，老狗也能学会新把戏，甚至还能脱胎换骨、浴火重生。

狗学堂　第七节

如何培养复原力

✔ 与平静的能量接触。这样做不但有助于减轻会引起身心疾病的压力，还能降低皮质醇水平和血压。

✅ 通过运动治疗内心的创伤。培养固定的运动习惯，选择狗狗喜欢的低强度运动，如步行、游泳、跑步等。

✅ 面对自己的问题。不愿面对现实只会拖延治疗的过程。

✅ 不带评断地接纳自己，不要太过关注他人对你的评断。只要你接纳自己，别人就会照样做。

第八课

接纳

接受——然后行动。不论当下那一刻是什么情况，把它当成是你自己的选择那样地去接受……你的人生就会奇迹般地完全改变。

——埃克哈特·托勒

那是一天早上，我翻开《洛杉矶时报》，看到一则令人宽慰的新闻标题："动物虐待调查结束，狗班长西萨·米兰未被起诉"。这是洛杉矶郡动物收容所（Los Angeles County Animal Care and Control）在2016年对我矫正狗狗的方法进行调查后所发表的正式声明。

狗狗不断地向我揭示新的、宝贵的人生经验，而这次这个令人无比气馁的事件也成为我受到的教诲之一。针对我虐待动物的这项指控，让我有机会快速修完了"高级精神接纳"的速成班课程——而让人意想不到的是，我的老师竟然是这次事件的狗主角，一只小小的黑白法国斗牛犬：西蒙。

让我们从头说起吧。

西蒙与猪

在我的《呼叫西萨狗教官》电视系列节目中，人们会打电话给制作单位，向我们报告已经有问题并且需要立即矫正的狗狗。这些情况往往迫在眉睫，非常危急，有可能是一对夫妻的婚姻因为狗狗的问题而摇摇欲坠，或者主人家考虑把狗狗逐出家门，甚至严重到像西蒙这样的情况，狗狗已经失控到可能需要安乐死的地步。

西蒙和我节目上所有的狗狗一样，其背景故事令人唏嘘不已，而狗狗本身的问题也很急迫。一切要从乔迪和苏的一个电话开始，她们两位是一个名为“皮人”（Pei People）的救援团体的成员，专门拯救一个品种的狗狗——你应该猜到了，就是沙皮犬。这个组织和很多救援团体一样，所救助的大多数狗狗都来自待死收容所。爱心人士会先把它们安置在寄养家庭里，再寻找合适的领养家庭；狗狗也有机会在寄养家庭里得到照顾，从过去被忽略、受虐、伤病等身心受创的状态中恢复过来。

桑迪是“皮人”团队的最佳寄养妈妈之一，不管病得多重、伤得多厉害，或是问题多么极端的狗狗，她都乐意接纳，这么多年来她已经照顾了60多只沙皮犬，把它们照顾到恢复健康、被充满爱心的家庭领养为止。我非常敬佩像桑迪这样的人，他们愿意打开自己的家门让有需要的狗狗在这里安身，他们就像天使的化身一般。

而当桑迪自己领养了一只宠物犬——西蒙之后，问题开始了。西蒙是一只太过有个性的法国斗牛犬，尽管对桑迪来说，西蒙是一只富有爱心的宠物，但自从西蒙进入家门那一天起，就逐渐对新主人暂时收留的中途犬展现出越来越强的攻击性。而到了最后，潜在的威胁终于变成了实际的伤害。

当桑迪领养西蒙时，家里已经有两只心爱的宠物了，那是一对大肚猪。有一天她不在家的时候，西蒙残忍地攻击了两只猪，其中一只被当场咬死，而另一只伤势太重，不得不实施安乐死。桑迪为此伤心欲绝。

她们联系我的时候，西蒙的情况已经到了必须立刻处理的程度。桑迪和“皮人”的处境非常窘迫，救援团体希望桑迪能接手照顾最棘手的案例，但因为有西蒙在家，他们很怕狗送过去会发生危险。就像《苏菲的抉择》里的苏菲，这时桑迪也面临着抉择：要不就放弃那十几只需要她的独特协助方式的沙皮犬，从此不再参与救援的事情；要不就对西蒙实施安乐死，因为它的攻击性实在太强了，根本不可能送养给别人。

我之前也说过，现在还要再说一遍：狗狗的绝大部分行为问题我都不主张用安乐死来处理。在我的经验中，只有很小一部分有问题的狗即使遇到对的人也无法改善——但就算是这样的狗，也不应该受到这种对待（尤其是在99%的情况下，那些问题都是人为先造成的）。

西蒙接受新的世界秩序

我每次受邀前往协助那些专门救狗或收留狗的人，都会感到自己责任重大，因为我帮助的绝不仅仅是那一个人或那一只狗，而是无数只会被那位救狗人士帮助的狗。当我见过西蒙并观察了它对桑迪暂时收留的名叫阳光的沙皮犬的攻击行为之后，我知道它属于“红色警戒”的狗。“红色警戒”代表着如果对狗狗不加管束的话，它的攻击性有可能逐步升级到不可收拾的地步，有的甚至会致其他动物于死地，造成像桑迪的大肚猪那样的惨剧。

观众从短短的预告片里无法看到的是，让西蒙多接触猪能帮助它克服对其他动物的攻击性

我的矫正工作的第一步，是要教会桑迪如何降低西蒙对她收留的中途犬的攻击性，不让悲剧再度发生。西蒙是个棘手的个案，为了矫正它，我当天着实辛苦工作了一天。虽然累人，但我最后终于发现，西蒙和大多数狗狗一样，对于新的行为规范是持开放且乐于接受的态度的，之前只是从来没有人给它设置限制而已。

我那天花了很长时间矫正西蒙，直到它能服从全新的互动模式为止。虽然完整的矫正过程还需要很长时间（包括已经安排好从下周开始带它到狗狗心理中心待一段时间），但是西蒙表现出强烈的改变意愿。就像大多数狗狗一样，它天生喜欢和谐胜过冲突，只是从来没有人向它展示别的方式而已。事实上，那天太阳下山前，我结束在桑迪家的工作时，看着这只好斗的小法国斗牛犬怡然自得地躺在前门廊上，旁边就是桑迪和另一只狗狗阳光，感到十分欣慰。

狗狗就是能够如此优雅地向改变屈服。就像我辅导过的许多狗狗一样，只需要一天，西蒙就开始接受家里的新规范。

那时我绝对不会想到，很快，就会换作我不得不面对接纳和屈服的考验了。

> 接受已经发生的事情，是克服任何不幸所带来的后果的第一步。
>
> ——威廉·詹姆斯（William James），
>
> 美国心理学家

西蒙面对心里的恶魔

由于狗狗比人类更容易接受改变，我认为应该让狗狗去面对它们害怕或厌恶的事物，这样它们才能接受以一种全新的方式与外界互动。假如有一只狗见到松鼠就会穷追不舍，我一定要让它和松鼠密切相处，这样才能训练它不要产生猎食行为。过去，我用这种方式辅导过好几十只狗，把会让狗害怕或产生攻击性的事物带到它面前，通过不断重复并设定明确的界限，让它们学会对这些事物建立起新的、正面的联想。

我辅导西蒙的方式也是这样。当我听说它曾经有攻击猪的前科时，就打电话给制片人托德·亨德森，请他帮忙带几只猪过来。我在墨西哥从小和猪一起长大，对这种动物非常熟悉，也许迟早会有几只猪加入我在圣克拉里塔狗狗心理中心的欢乐动物大家庭，和马、山羊、美洲驼、鸡、乌龟等动物和平快乐地生活在一起。

西蒙在狗狗心理中心和我们住了两个星期，其间我不断地让它接触各种有可能成为它攻击目标的动物——山羊、猪、马，当然还有别的狗。等它要回到桑迪那里时，它已经能和我所有的动物一起吃饭、玩耍和散步，不只是猪而已。

狗狗如何实践接纳

- 狗狗是自然界最成功的物种之一，因为它们天生就善于适应环境和情势的变化。

✔ 狗狗比它们的主人更容易接受一般人视为痛苦的境况——生活在全新的气候环境里，回应人类取的新“名字”，融入各个不同的新狗群。

✔ 只要用沉着、坚定的能量让狗狗知道界限在哪里，狗狗很容易就能接受。

✔ 狗狗会优雅地接受年老、疾病和残疾（如断了一条腿或眼睛失明），以最小的心理创伤面对新的调整。

✔ 狗狗也会经历深刻的情感，例如失去动物或人类伙伴的悲痛，但它们总能放下过去继续往前走。

✔ 在屈服与冲突之间，生活在一起的狗狗们为了和谐共处，往往会选择屈服，这就是接纳的基本原则。

一段 20 秒的影片剪辑

桑迪、“皮人”、我的团队还有我，一致认为西蒙的矫正结果非常成功，也正是因为如此，接下来发生的风暴才会让我这么震惊。这次事件成为我个人真正的试炼，考验了我接受逆境、应对困难的能力。

2016 年 3 月，国家地理频道的社交媒体账号发布了一支宣传短片，预告西蒙那一集节目的播出。很不巧地，这支宣传短片只有 20 秒，完全无法交代前因后果，只呈现出西蒙在矫正过程的最初阶段出其不意地攻击一只猪，咬了它的耳朵还见了血。

回顾整件事情，那段宣传短片看起来太过耸人听闻，既没有交代西蒙的背景故事，也未能说明西蒙和桑迪当时的处境已是何等危急。假如观众有机会看到整集节目的话，就会明白西蒙见到那些猪的时候，早已接受过严格的矫正训练；观众也会看到我稍早时曾给西蒙系上牵绳，先观察它对猪的反应，在它表现得毫无攻击性也毫无兴趣的情况下，才把牵绳取下来。

虽然短片夸张的剪辑手法让攻击画面看起来很血腥暴力，但完整看过节目的观众会知道，兽医给猪验伤后，报告上只写着“轻微抓伤”，而且观众也看到了圆满的结局：在争端发生短短15分钟之后，西蒙和那只猪已经平静地在路上一起散步了。

可是在短短的20秒内，观众不可能知道这些。宣传短片播出没几天，我们的工作人员就发现在网上已经流传着一项请愿活动，谴责我“虐待动物”，指控我“诱狗斗猪”，有人甚至对猪的主人抓住其中一只猪的后腿不让它逃跑而感到气愤。（任何一个像我一样在农场长大的人都会告诉你，想要让奔跑中的猪停下来，这差不多就是最好的方法了。如果那只猪真的暴躁起来，很可能引来附近狗群更猛烈的攻击。）

一开始批评我的人没弄清楚事实也无所谓，但当媒体嗅到了“血腥味”和高收视率的味道，各方报导已经铺天盖地而来时，仍然没有人打电话询问我们团队的说法。

说到学会接受，这可以说是我这辈子遇到的最难熬的一次教训。

在我成为公众人物之后的职业生涯当中，一直有一群认同我的朋友、粉丝和同事，他们支持我为狗狗所做的事，也理解我的做法背后真正的用意。而与此同时，我也面临相当大的反对声浪——来自一般公众，也来自职业训犬师——这些人大声反对我矫正狗的方式，或者更准确地说，是反对他们经常误以为的我所用的训狗“技巧”。

凑巧的是，这些人里面很少有人真正和我联系，以建设性的方式分享他们的批评意见。少数真的这么做的人通常很意外我其实很乐于听取他们的意见；对话结束之后，我们经常发现他们所不认同的只是我用来描述我的方法的字眼，例如“强势”（dominance）和“坚定”（assertiveness），倒未必是方法本身。另外，很多批评我的训犬师平常训练和矫正的都只是一般宠物狗的问题，从来没有经历过矫正“红色警戒”犬时那种长期努力的过程，而且矫正成功与否将关乎它们的生死。

我从来不曾隐藏自己做了什么，都有录影为证，也全都在电视上播放。批评我的舆论声音一直存在，电视名嘴骂我，报纸专栏抨击我，我都已经习惯了。我理解这些人大多数是真心关心狗狗以及其他动物的福祉与健康，而且他们相信——姑且不论正确与否——自己做的事情会对动物有所帮助。如果有谁的做法或意见是我很敬佩的，当他们向我提出明确而有建设性的建议时，我都会用心听进去，至于其他负面的噪声，我已经学会不去理会。

每个人都应该学会接受生命中的不和谐，如果全世界的人都喜欢你、认同你，你才感觉自己够好的话，那这个目标也未免太不切实际了。我有我的做事方法，但这并不表示就不能有许许多多其他一样好的方法。允许有不同意见是我们文化的一部分，现在更是如此，政治人物不认同其他的政治人物（即使同一阵营也一样），科学家不认同其他的科学家，医生不认同其他的医生。菲尔博士谈心理不见得谁都信服，奥兹医生讲健康也不是每个人都赞同，奥普拉再受欢迎仍不可能得到所有人的欢心。

我也有和别人意见不合的时候。我会和我的孩子意见不合，和我的家人意见不合，和媒体意见不合。然而让我难以接受的是，有极少一部分人从头到尾误解我所做的事情，且用充满敌意、充满偏见的言语和行动针对我。拿西蒙这次事件来说，他们甚至对大部分的事实都一无所知，但他们一旦打定主意，立刻就把我看成坏人。

我也见识到，花了 20 年才建立起来的事业，是多么轻易地几乎被一项未经证实的指控而击垮。我在努力工作的同时也是一个父亲，在超过 10 年的时间里，我牺牲了许多陪伴孩子的机会，就是因为我真心相信我的工作是在帮助大家更好地了解自己的狗狗，直到今天我仍然以此为使命。但是要继续进行我的工作，人们得信任我才行。

建立信任、忠诚和尊重需要花很长时间，建立事业和践行毕生的志向也需要花很长时间。但可悲的是，一个没有弄清楚事实的人到处用“虐待动物”的说法来扣帽子，企图把这一切摧毁，却只需要短短的几秒钟。

> 多想想你目前所拥有的幸福——每个人都有许多；别总想着过往的不幸，这是所有人多多少少都有过的。
>
> ——查尔斯·狄更斯（Charles Dickens），英国作家

以屈服战胜愤怒

就这样，法国斗牛犬西蒙间接迫使我面对另一项挑战。我能像西蒙那样，不管这件事的最终结果如何，都全心接受已经发生的事实吗？还是我会因此而变得充满愤怒和仇恨，就像那些指控我的人那样？这个磨人但最终圆满收场的案例，此刻正对我所理解的屈服与接纳的概念进行终极考验。

当指控排山倒海、仿佛裹挟着仇恨席卷而来的时候，我主要的应对方法是决不把这些指控看成是针对我个人的。那些批评我的人并不了解我，他们不是我的朋友，也不懂得我的思想和灵魂，不懂我对那些来到我生命中的动物的深刻爱意，更不知道在摄影机镜头之外我和那些狗狗之间的深刻交

流。不认识我、不懂得我的人，不可能伤得了本质上的我。

这正是我从狗狗身上学到的：尽管狗和狗之间会扭打、对峙，但只要冲突一过去，它们马上继续往前看，没有任何芥蒂。于是，我没有选择反击，而是运用我从狗群学到的智慧，坚守信念，相信所有这些令人心烦意乱的事情到最后都会有某种积极正面的结果。

作为一个出身贫寒的墨西哥人，我从小就不相信政府能在困难时期帮助我，甚至有时候我的父母也无能为力，所以我学会信仰更大的力量。对我来说，这个力量就是上帝。不管你相信的是上帝、宇宙、山姆大叔还是飞天面条神，要学会接受就必须有信仰，而且是足以支撑你渡过难关的强大信仰。在你面对仇恨、负面情绪，甚至失去所有一切的时候，信仰能够引领你抵达困境的彼岸，并且让你变得比以前更好、更坚强、更有智慧。

尽管在接受调查的那几个星期里，坚守信念很不容易，但我还是选择了接受，并相信结果会是好的。我和我的团队毫无保留地接受调查，把一切交由司法决定。调查人员调阅引发争议的那一集节目，一遍又一遍地观看两台摄影机拍摄到的事发经过。他们也调查了我们的准备工作，发现我们在开拍前对狗和猪两边都做了防范措施。在事件发生后没多久，他们已经看到那只被咬的猪在我们的院子里开心地奔跑，耳朵也完全看不出曾经被咬的痕迹。

调查人员还来到狗狗心理中心评估我们的设施和操作流

狗科学档案

自我接纳或许就是幸福的钥匙

英国赫特福德大学与公益团体“为幸福而行动”（Action for Happiness）以及“做点改变”（Do Something Different）合作，进行了一项涉及5000人的问卷调查，用10个问题来考量参与者在幸福指数表上的位置[18]，这些问题都是根据研究快乐的人和不快乐的人之间有什么不同的最新科学成果设定的。调查结果有一项惊人的发现：自我接纳是与幸福最相关的特质，却最不常被大家实践，以1到10的评分标准来说，有将近一半（46%）的参与者给自己的自我接纳程度评为5分以下。

这项研究建议我们培养以下习惯，以增强自我价值感和自我接纳度：

·像善待别人一样善待自己。把犯错看成是学习的机会，发掘自己擅长的事务——不管有多么微不足道。

·请一位可以信任的朋友或同事告诉你，你的长处是什么，或他看重你什么地方。

·固定给自己安静独处的时间，仔细聆听内心的感受，设法与真实的自我和平相处。

程，并向相关人员录取口供。他们完整地看了攻击事件发生后马上帮猪处理伤口的兽医所写的验伤报告，发现兽医对于我们的安全措施唯一挑剔的是：或许应该帮猪涂上防晒能力更强的防晒霜，因为那天的太阳实在太大了。

最终的调查结果是公开的免诉声明，我是在报纸上读到这则消息的："'经过我们的人员全面性的调查，我们向地方检察官办公室递交了一份详尽完整的报告，他们找不到任何可以控告米兰先生的理由，'动物照顾与管制局副局长亚伦·雷耶斯说，'这是一项公平的裁定。'"[19]

当然，我本来就有信心，不管当局怎么调查狗狗心理中心和我们顶尖的《呼叫西萨狗教官》制作团队，结果都会是免诉，因为我们没有做错任何事，也没有任何需要隐藏的地方。更何况，我们是在光明正大、全力以赴地辅导一只需要帮助的狗，并确确实实救了它一命。政府人员后来也向制作团队坦言，整个事件令人遗憾，不仅浪费了时间，也浪费了市政府的资源和人力。无论如何，这次被冤枉成虐待动物，大概是我职业生涯中最痛苦的一次经历。

想想看，对一个把一辈子都奉献于帮助动物的人，你可以说的最糟糕的一句话是什么？只要轻轻地吐出那个可怕的字眼"虐待"，就足以令人联想到各种负面的表现仇恨、暴力的画面——而这和我为狗狗所做的事情完全相反。

我尽量把生命中的每次经历都视为一项教诲，但有的时候，这些教诲确实得来不易。关于"接纳"的教诲就是如此。

矫正自我

接纳是一门让所有人都吃尽苦头的功课。人类与动物不同，我们每个人都因为自尊心而背负着沉重的包袱，这就是所谓的自我。自我可以是正面的：它会激发我们去创造、去想象、去追寻看似遥不可及的目标；但自我也有阴暗面，它会压倒我们的智慧和直觉——尤其是直觉。自我的声音会不断重复：我们是宇宙的中心，我们值得最好的，任何时候都应该拥有百分之百幸福美满的人生。而最危险的是，自我会让我们自以为有办法掌控生命中以及我们所生活的世界里的一切。

所谓接纳，就是有办法让自我的喋喋不休归于沉寂，并且认识到生命中有些东西是我们完全无法控制的，如死亡、自然的规律，另外尤其是别人的想法、感受和行为。面对无能为力的处境时，接纳的心态可以让我们停止作为，深深吸一口气，要发生的就让它发生。用“狗班长”的话来说：只有“矫正”自我，我们才能在不确定中找到平静。

我一直注重心灵上的成长，也努力想要成为更好的人，因此我勤练接纳的功课已经有很长一段时间了。在某些方面，我觉得自己已经修炼到家，例如在辅导狗狗的时候，我如实地接纳那些狗狗，从不以它们过去或当下的行为来认定它们。即便有的时候狗狗想要攻击我，我也不会生气，我从不违背自然的力量。我认为我的职责是帮助狗狗恢复它们与生俱来的天性：首先是动物，然后才是品种，最后才是人类给它们取的名字。

因为狗狗的行为问题而来找我的主人，往往把狗狗的身份顺序弄混了，他们通常是先以名字来想到自己的狗，然后是那只狗的品种，而且大多数主人还把狗当成人看！这些主人似乎忘记了，尽管狗狗是我们家庭的一员这一点毋庸置疑，但毕竟它的学名是 *Canis Familiaris*，是和人类完全不同的物种，有着和人类不同的需求和欲望。要让它们过得快乐平和，就必须学会满足它们。

在辅导狗主人这些问题的时候，我简直成了深谙接纳之道的导师，所以，你一定认为我能够轻而易举地把这种能力也运用到人际关系的互动上，对吧？

大错特错！我得承认我发现人类对我来说是复杂而令人迷惑的，对我来说，要接受他们经常互相矛盾的想法和行为，要比如实地接受狗狗困难得多。不过，如果说我对人类还有那么一点了解的话，那么我敢说这种挫折感决不是只有我才有。

这也就是为什么我认为，接纳是我们可以从狗狗身上学到的最重要的一堂课的原因。

狗狗的聪明之处在于，它们不像我们那样具有自我意识，因此它们不会像我们那样有详尽而易受影响的记忆可参照。狗狗不会编造往事来强化自己对事实的否认，它们也不会记仇，而且与人类相比，它们很容易就会对事物建立起新的联想，将过去残存的一切都抛到脑后。西蒙就是一个绝佳的例子。

美满的结局

法国斗牛犬西蒙让我学到了我的职业生涯中最艰难的一课：接受人是会伤害甚至摧毁他们所惧怕或不了解的东西的事实。现在，我可以把我学到的这一课传授给我的孩子们，

名人与狗

凯西·格里芬

身为脱口秀艺人，凯西·格里芬不时地面对无情的竞争对手、只坐半满的剧场，以及醉酒闹事的观众等状况。结束一天辛苦的演艺工作回到家后，她会注意让自己找回内心的平衡，而帮助她的就是从收容所领养回来的四只狗：机会、船长、拉里和澎澎。

“它们不会评断我，”她说，“我只是看着它们，它们就能把我逗得哈哈大笑，因为它们对彼此是那么的诚实。我也努力在我的笑哏中追求这种效果，因为能挑起观众反应的就是这种毫不掩饰的生猛直接。用一个比喻的说法，我的狗狗正是我在台上开玩笑的某些名人的反面，它们不会想要成为别的什么，就只是想要做自己，而且它们会无条件地爱你本来的样子。”

我们得先接受人性中确实存在这样的黑暗面，然后才有可能学会战胜它。

值得记住的是，对同处这次事件中心的我和西蒙来说，西蒙的处境要比我危险得多。假如我没有办法矫正它，它就要为我的失败而付出生命的代价——被认定为无可救药而遭遇安乐死。

今天，距离那一集节目录制完成已经有很长时间了，西蒙的态度在扭转过来之后变得越来越好，它的攻击性已经消失，现在能和猪、狗以及其他各种动物和平相处。桑迪仍然继续照顾从待死收容所救出来的沙皮犬，她还正式领养了她照顾的中途犬阳光，因为阳光和曾经对狗恨之入骨的西蒙，已经感情好得分不开了！

这正是我最希望看到的美满结局。

再一次，狗狗让我们认识到，接纳的心态能给我们带来全新的、更和谐、更安定的生活方式。

狗学堂　第八节

如何练习接纳

- 观察你的处境，以开放的心态想想，是什么样的事件和行为让你处于目前的境地。

- 如果某个行为总是给你带来负面的结果，就不要再重复那个行为。

- 有机会尝试新的、更好的行为模式或生活方式时，不要抗拒，敞开心扉欣然接受。

- 努力以和谐为目标，尽量避免冲突。

- 对某个比你更强大的力量怀抱信念——不管那是你的狗老大、你的家庭、你的使命、大自然，还是你的上帝。

参考文献

1. Marc Bekoff and Jessica Pierce, "The Ethical Dog," *Scientific American*, March 1, 2010, www.scientificamerican.com/article/the-ethical-dog.

2. Allen R. McConnell, et al., "Friends With Benefits: On the Positive Consequences of Pet Ownership," *Journal of Personality and Social Psychology* 101, no. 6 (December 2011): 1239–52.

3. Sophie Susannah Hall, Nancy R. Gee, and Daniel Simon Mills, "Children Reading to Dogs: A Systematic Review of Literature," *PLoS One*, February 22, 2016.

4. Leanne ten Brinke, Dayna Stimson, and Dana R. Carney, "Some Evidence for Unconscious Lie Detection," *Psychological Science* 25, no. 5 (May 1, 2014): 1098–1105.

5. Jeffrey T. Hancock, et al., "On Lying and Being Lied To: A Linguistic Analysis of Deception in Computer-Mediated Communication," *Discourse Processes* 45, no. 1 (2007): 1–23, DOI: 10.1080/01638530701739181.

6. Akiko Takaoka, et al., "Do Dogs Follow Behavioral Cues From an Unreliable Human?" *Animal Cognition* 18, no. 2 (March 2015): 475–83.

7. K. A. Lawler, et al., "The Unique Effects of Forgiveness on Health: An Exploration of Pathways," *Journal of Behavioral Medicine* 28, no. 2 (April 2005), 157–67.

8. Karine Silve and Liliana de Sousa, "'*Canis Empathicus*'? A Proposal on Dogs' Capacity to Empathize with Humans," *Biology Letters* 7, no. 4 (2011): 489–92, DOI: 10.1098/rsbl.2011.0083.

9. Nathan Rabin, "Redman," *A. V. Club*, April 10, 2007.

10. Miho Nagasawa, et al., "Oxytocin-Gaze Positive Loop and the Coevolution of Human-Dog Bonds," *Science* 348, no. 6232 (April 17, 2015): 333–36.

11. Kerstin Lindblad-Toh, et al., "Genome Sequence, Comparative Analysis and Haplotype Structure of the Domestic Dog," *Nature* 438, no. 7069 (December 8, 2005): 803–19.

12. P. Simonet, M. Murphy, and A. Lance, "Laughing Dog: Vocalizations of Domestic Dogs during Play Encounters," *Animal Behavior Society Conference*, July 14–18, Corvallis, Oregon.

13. Stanley Coren, "Do Dogs Laugh?" *Psychology Today*, November 22, 2009.

14. J. M. Siegel, "Stressful Life Events and Use of Physician Services Among the Elderly: The Moderating Role of Pet Ownership," *Journal of Personality and Social Psychology* 58, no. 6 (1990): 1081–86.

15. The health benefits in this list are described in more detail in Michele L. Morrison, "Health Benefits of Animal-Assisted Interventions," *Complementary Health Practice Review* 12, no. 1 (January 2007): 51–62.

16. Tamanna Khare, "Can Dogs Sniff Out Cancer?" *Dogs Naturally Magazine*, www.dogsnaturallymagazine.com/can-dogs-sniff-out-cancer.

17. G. Taverna, et al., "Prostate Cancer Urine Detection Through Highly-Trained Dogs' Olfactory System: A Real Clinical Opportunity," *Journal of Urology* 191, no. 4 (2014): e546.

18. University of Hertfordshire, "Self-Acceptance Could Be the Key to a Happier Life, Yet It's the Happy Habit Many People Practice Least," *Science Daily*, March 7, 2014, www.sciencedaily.com/releases/2014/03/140307111016.htm.

19. Sarah Parvini, "No Charges for 'Dog Whisperer' Cesar Millan After Animal Cruelty Investigation," *Los Angeles Times*, April 11, 2016.

后记

狗始终忠诚、有耐心，无畏，宽容，懂得付出纯真的爱，很少有人能终其一生坚守这些品德，一次都不曾舍弃。

——M.K. 克林顿（M. K. Clinton），
小说《重返人间》（*The Returns*）

这本书写到尾声的时候，我刚从第二次重要的亚洲之旅归来，此行的目的是为了告诉那里的人有关狗狗的种种事情。我第一次去亚洲是在 2014 年，当时只是去巡回讲座。而这一次，我不但在中国内地及香港地区、泰国和新加坡举办了更多的讲座，还拍摄了新的电视节目系列《西萨狗教官：亚洲接班人》。这是一个以竞赛方式进行的真人秀，在节目中我会辅导想成为训犬师的普通人，借此发掘我的下一个徒弟，或许有一天这位徒弟会成为亚洲的"狗班长"。

东西方文化之间的诸多差异让我这个在第三世界长大的孩子看得目眩神迷。我没有想到的是，亚洲观众对我想教导的那种沉着、坚定的领导风格，接受度似乎比美国观众和欧洲观众高得多。几千年来，亚洲文化一向以克制、守纪、忠诚、沉着和尊敬为核心价值，尽管大多数来参加我讲座的人，对于如何很好地照顾狗狗以及和狗狗沟通的经验不多，但他们往往马上就能理解我要说的是什么，而且理解得比一些西方观众还要全面得多。

我在亚洲的推广工作获得了让人十分振奋的反馈。狗主人听完我的讲座之后，回到家只是把他们古老的价值观运用到和狗狗的关系上，就获得了显著的成效。因此，我带着十分乐观的心情回到美国，我对狗狗在亚洲的前景感到乐观，在那里，中产阶级饲养宠物狗还是相对新的现象，但那里的人们显然很渴望知道更多正确的信息，以便妥善照顾这些四条腿的新朋友，并满足它们的需求。

虽然在亚洲社会里，有一些人仍然吃狗肉，但我还是认为东方文化很适合爱狗人士，适合那些把狗视为朋友、帮手和同伴的人。有些古老的东方宗教相信，上帝派狗到人间是为了教导和指引我们；有的则相信，当一位贤明而备受尊崇的人过世时，他的灵魂在人间最后的化身会是一只狗，因为狗是尘世间最有智慧、最彻悟的生命。在我从狗身上领会到那么多的生命教诲之后，我一点儿也不觉得这种说法牵强而难以相信。也许，亚洲世界的古人通过直觉早已对狗的灵魂有所感知，而长期以来爱狗的西方社会才正要开始了解个中道理吧。

狗来富贵。

——中国谚语

我生命中有几个最重要的人，我从他们身上也学到了很多：爷爷让我学会了尊重，母亲让我学会了无条件的爱，两个儿子让我学会了耐心和克制，我的未婚妻贾希拉让我学会了信任。然而，我可以毫不犹豫地说，是通过我和来到我生命中的那些狗狗的相处和互动，这些品质的意义才鲜活地展现在我面前。而我过去所接触过的许多狗，也向我展现了人类难以企及的智慧：一只名叫“宝贝女孩”的娇贵杜宾犬，在我花费几个月的时间帮它克服我所见过的最为严重的惧怕心理的过程中，我懂得了什么是毅力；加文，一只从阿富汗战场退役、患上创伤后应激障碍的嗅弹犬，让我懂得了真正的、无私的英雄意味着什么；我的儿子安德烈的罗威纳犬阿波罗，让我懂得了玩耍及温和能量的治愈力量；如果不是老爹和阿弟让我懂得了什么是忠诚和无条件的爱，我恐怕永远也不可能成为坚定的父亲和体贴的伴侣，而我现在终于做到了。狗狗教会我如何追求梦想，怎样坠入爱河，怎样失恋，怎样接受失望，怎样承受失去所爱，怎样尽情欢笑，怎样原

我很幸运身边总有像阿弟这样的狗狗陪伴，和我一起工作的狗狗每天都能让我学到新的东西

谅并继续前行。

再一路回溯到童年时期在爷爷的农场上和帕洛玛一起度过的时光，狗狗也给了我人生目标的灵感和此生的使命感；给了我自信和勇气，让我能够把得到的启示传播到全世界。在生命中的每一天都能和狗狗一起工作、一起相处，让我感到无比的幸福，因为这意味着我有源源不断的学习机会。

这是一件好事，因为我认为自己要学的东西还有很多。人的大脑要比狗狗的大脑复杂得多，而且人还有自我意识——说起来，有时候我觉得战胜自我大概是上帝给我们的最大挑战。和所有人类一样，我还只是“优化中”的工程。

向狗学习并没有使我变成完人，如果你问我有没有和谁的关系处得不太好，答案是有，肯定有。我变成完美父亲了吗？没有。我养育出完美的孩子了吗？没有。但如果你问我是否曾经养出完美的狗，我会告诉你：有，而且很多次。那是因为狗以完美的单纯状态展开生命，只要我们提供一个安全而又规范严明的地方，让狗的内在本能可以得到满足，它们的个性自然就会发展得很好。

作为人类，我们缺乏狗与生俱来的那种天真无邪的素质，而只有最通透、最有灵性的人，才有可能体验到全然活在当下的纯粹。不过，就算无法完全达到狗的境界，我们也还是可以把它们最纯洁、最美好的品质迎进我们的生活当中，而和狗建立真正的联结所带来的那种快乐、自由和单纯，无疑是生命中最珍贵的礼物之一。

当我们只在意重要的事情时，就和狗狗一样了。

——阿什莉·洛伦萨纳（Ashly Lorenzana），
美国作家

现在，请你再一次闭上眼睛，和我一起想象以这样的方式结束一天：

经过一天充实的工作之后，你迈着轻快的脚步回家。一进家门，见到你心爱的家人，你们像多年不见那样互相拥抱、又唱又跳地欢庆相聚——不断地表达你们对彼此的感激之情和无条件的爱。你们一起到户外欢快地活动，接着饱餐一顿，然后大家安静地躺在草坪上，一起感叹夜晚的气味、蟋蟀的鸣唱和闪烁的星空。没有人说话，而彼此的交流却是那么多，再也没有什么是需要说出口的。

后来，玩累了的你们怀着愉快的心情，在彼此的怀抱中进入了梦乡，对于明天能不能像刚过完的今天这样充满妙不可言的欢乐，心中没有半点儿忧虑或怀疑。

入睡前的这种心情，把你包围在充满感恩的感受中，你深深地感到自己是多么的幸福，能够拥有这么丰富而令人心满意足的生活。

这些简单而又深刻的教诲都是我们可以从狗狗身上学到的，它们实在太重要了，我们不应该视而不见。

我们只是需要用心去观察它们。

现在就去——套一句流行的说法——勇敢去做狗狗心目中的你吧！

相关资源

延伸阅读

Animals Make Us Human: Creating the Best Life for Animals
By Temple Grandin and Catherine Johnson
Houghton-Mifflin Harcourt, 2009

Are We Smart Enough to Know How Smart Animals Are?
By Frans de Waal
W.W. Norton and Company, 2016

Beyond Words: What Animals Think and Feel
By Carl Safina
Henry Holt and Company, 2015

The Emotional Lives of Animals: A Leading Scientist Explores Animal Joy, Sorrow, and Empathy—and Why They Matter
By Marc Bekoff
New World Library, 2007

The Genius of Dogs: How Dogs Are Smarter Than You Think
By Brian Hare and Vanessa Woods
Dutton, 2013

How Dogs Love Us: A Neuroscientist and His Adopted Dog Decode the Canine Brain
By Gregory Berns
New Harvest, 2013

How to Speak Dog: Mastering the Art of Dog–Human Communication
By Stanley Coren
Free Press, 2000

Inside of a Dog: What Dogs See, Smell, and Know
By Alexandra Horowitz
Scribner, 2009

Rewilding Our Hearts: Building Pathways of Compassion and Coexistence
By Marc Bekoff
New World Library, 2014

When Elephants Weep: The Emotional Lives of Animals
By Jeffrey Moussaieff Masson and Susan McCarthy
Delacorte Press, 1995

Wild Justice: The Moral Lives of Animals
By Marc Bekoff and Jessica Pierce
University of Chicago Press, 2009

组织：

西萨的待犬之道

www.cesarsway.com

西萨·米兰的线上之家。

西萨·米兰的 Mutt-i-grees 计划

www.education.muttigrees.org

Mutt-i-grees 课程是非营利性的，以有关复原力、社交与情绪学习、人类与动物互动方面的研究成果为指导，研究出能让学生积极参与其中的教案及教学方法，以增强学生的社交及情绪掌控能力，提高学业成绩，并使学生意识到生活在收容所里的动物的需求。

狗狗认知：发现你的狗狗身上的才华

www.dognition.com

由杜克大学的布赖恩·黑尔博士及其他科学家发起的公民科学研究项目，内容包括各种跟狗狗玩的游戏和运动，可以此发现你的爱犬独特的思考、感受和解决问题的方式。

致谢

我要向贾希拉·达尔——这位赢得了我的心、支持我所做的每一件事情的女人——致以最深的爱意与感谢。感谢鲍勃·阿涅洛（Bob Aniello）让这本书顺利地从无到有，并感谢你在工作上和生活中持续给我的睿智建言。感谢梅利莎·乔·佩提耶（Melissa Jo Peltier）把你的才华和努力奉献给这个团队。还有我的儿子安德烈和卡尔文，感谢你们每天让我学习怎么当个好爸爸，感谢你们让我感到万分骄傲。永远感谢我的好朋友贾达·萍克特·史密斯，经历过这么多风风雨雨，你总是在一旁支持我。最后，要感谢我的守护神——老爹，你不凡的一生与不凡的心灵一直激励着我，让我把这些回忆、感受和想法化成了文字。

西萨·米兰

感谢鲍勃·阿涅洛（Bob Aniello）和乔恩·巴斯蒂安（Jon Bastian）为这本书打下良好的基础。感谢国家地理图书部的希拉里·布莱克（Hilary Black），谢谢你的尽心尽力、耐心以及完美主义。感谢我一流的法务团队：沙里兹·夏迪格（Shaliz Shadig）、多梅尼克·罗马诺（Domenic Romano）和迈尔斯·卡尔森（Miles Carlsen），还有我的朋友卡罗琳·多伊尔·温特（Carolyn Doyle Winter）精辟的批评和编辑工作。感谢凯·萨姆纳（Kay Sumner）和默里·萨姆纳（Murray Sumner），谢谢你们在写作期间给予的温暖友情和招待。当然还要特别感谢西萨·米兰，相隔了这么长时间之后，再度与你合作的感觉真好。无尽的感谢和爱献给永远支持我的男人——我的先生约翰·格雷（John Gray）。还要感谢我四条腿的缪斯兼“写作伙伴”弗兰妮（Frannie），我待会儿就带你去哈得孙河边，给你解开牵绳玩耍，当作对你的答谢。

梅利莎·乔·佩提耶

作者简介

西萨·米兰

国家地理频道强档节目《报告狗班长》与国家地理野生频道《呼叫西萨狗教官》《西萨教官狗王国》主持人，曾两度获美国电视艾美奖提名，是全世界最受欢迎的狗行为专家。著有《西萨的待犬之道》（*Cesar's Way*）、《当好狗老大》（*Be the Pack Leader*）、《家中的一分子》（*A Member of the Family*）、《如何养出完美的狗》（*How to Raise the Perfect Dog*）、《狗班长的快乐狗指南》（*Cesar Millan's Short Guide to a Happy Dog*）等书，其中多本登上《纽约时报》畅销书榜。西萨在加利福尼亚州的圣克拉里塔创办了狗狗心理中心，并成立了非营利性组织“西萨·米兰狗群计划”（Cesar Millan PACK Project），致力于狗的救援、矫正和重新安置。西萨现与六只狗和未婚妻贾希拉住在圣克拉里塔。

梅利莎·乔·佩提耶

国家地理频道获艾美奖提名节目《报告狗班长》的共同执行制作人，也是西萨·米兰前五本《纽约时报》畅销书和另外三本非小说类著作的共同作者。佩提耶是资深影视人，曾担任电影及电视编剧、导演和制作人，获得过艾美奖以及另外50多项全国性和国际性奖项。她的第一本关于娱乐业的小说《真实大道》（*Reality Boulevard*）被《科克斯书评》（*Kirkus Reviews*）评选为2013年度最佳独立小说之一。佩提耶现与丈夫和一只从收容所救回来的混种比特犬弗兰妮住在纽约。

图片出处

除下列照片之外，其余照片由 Cesar's Way, Inc. 提供。

Cover, Jason Elias/Cesar's Way, Inc.; back flap, Jason Elias/Cesar's Way, Inc.; 14, Jason Elias/Cesar's Way, Inc.; 32, Jason Elias/Cesar's Way, Inc.; 75, Christopher Ameruoso; 81, Everett Collection/Shutterstock.com; 113, Alo Ceballos/Getty Images; 124, Michael Kovac/Getty Images; 149, Mark Thiessen/NG Staff; 150, George Gomez/Cesar's Way, Inc.; 154, Neilson Barnard/Getty Images; 164, FOX/Getty Images; 187, NBC/Getty Images; 196, Anthony Devlin/PA Wire URN:15865695 (Press Association via AP Images); 197, Image courtesy of DrWeil.com, all rights reserved; 208, Caleigh White Garcia/Cesar's Way, Inc.; 229, John Raphael Oliviera; 238, Jason Elias/Cesar's Way, Inc.